시작하며

안녕하세요, '말랑폭신 생물학'입니다! 실제 연구자와 국제 생물학올림픽 메달리스트들로 구성된 그룹인 말랑폭신 생물학은 생물학의 재미를 전하기 위해 유튜브에 영상을 업로드하고 있습니다.

우리 주변의 생물은 모두 약 40억 년에 걸쳐 진화를 해왔습니다. 이 책에서는 퀴즈를 통해서 생물과 생물의 진화에 대해 알아보려 합니다. 어려운 부분도 있을 텐데 그런 부분은 일단 건너뛰고 우선은 재미있게 읽어주세요. 진화는 우리 인간은 상상조차 할 수 없을 정도로 오랜 시간에 걸쳐 일어났기 때문에 종종 오해를 사기도 합니다. 칼럼에서는 그런 오해를 풀기 위한 설명도 담겨 있습니다. 이 책을 다 읽고 진화의 시점에서 우리 주변을 살펴보면 지금까지와는 다르게 보일지도 모릅니다.

그럼 함께 생물 진화의 세계로 떠나볼까요!

멤버 소개

미카밍

박물관을 자기 집처럼 드나드는 사이에 어느새 국립과학박물관에서 연구를 하고 있다. 화석이 전문이라 책상 위는 늘 수수께끼의 돌멩이로 한 가득.

마론 누나

척추동물과 게임을 무척 좋아하는 척추동물(사람). 그중에서도 전문은 뱀. 국제 생물학올림픽과 국제 화학 올림픽에서 메달을 따기도 했다.

와케와카메

평소에는 느긋하고 태평한 누나지만 진심 모드로 들어가면 의외로 예리한 모습을 보여준다. 농작물의 품종개량이 전문으로, 도쿄대학교 대학원에서 박사학위를 땄다.

록키

신기한 식물을 보면 장소가 어디든 넙죽 엎드려서 관찰을 한다. 도쿄대학교 고이시카와식물원에서 연구하다 지금은 식물을 찾아 전 세계를 날아다니는 중.

사콧치

개구리를 너무 좋아해서 항상 개구리를 찾아다닌다. 개구리 도감까지 썼지만 개구리와는 전혀 상관없는 연구로 박사학위를 땄다.

구로킨

말랑폭신 생물학의 브레인으로, 특기는 컴퓨터. 도쿄대학교에서 생명정보학이라는 분야를 연구하고 있다.

특별출연 로보

수수께끼에 싸인 로봇. 생물을 돌보는 일을 하는 모양. 이유는 모르겠지만 핫케이크나 쿠키처럼 단 음식을 무척 좋아한다.

프롤로그

CONTENTS

시작하며 …… 2
멤버 소개 …… 2
프롤로그 …… 4

제 1 장 진화란 무엇일까?

생물의 몸은 왜 이렇게나 잘 만들어져 있는 걸까? …… 14

진화란 대체 무엇일까? 15 | 생물 진화의 역사를 조사하는 방법은? 16 | 선캄브리아 시대 — 생명의 탄생 18 | 고생대 — 식물이나 동물이 바다에서 육지로 19 | 중생대 — 다양한 파충류가 번성하다 21 | 신생대 — 조류와 포유류가 번성하다 22

제 2 장 생물의 계통

지구상에는 왜 이렇게 다양한 생물이 있는 걸까? …… 28

그런데 '종'이란 무엇일까? 30 | 종을 뚜렷하게 구별하기는 어렵다 31 | 진화의 역사를 나타내는 '계통수'란? 34 | 계통수를 해석해보자 36 | 계통수를 따라 진화의 역사를 거슬러 올라가보자 38

칼럼	알고 있으면 좋은 '학명'의 구조	33
칼럼	계통수는 어떻게 조사하는 걸까?	35
칼럼	생물에는 '고등한 생물'도, '하등한 생물'도 없다	37

제 3 장 자연 선택

기린의 목이 긴 이유는 무엇일까? …… 48

진화를 일으키는 자연 선택 49 | 검은 나방이 늘어난 이유는? 51 | 갈라파고스 제도의 다윈핀치류 56 | 진화는 우연히 일어나기도 한다! 57 | 유전되는 특징과 유전되지 않는 특징 58

칼럼	알고 보면 어려운 '기린의 목이 긴 이유'	50
칼럼	다윈과 자연 선택	53
칼럼	생물의 진화에 '목적'은 없다	60

제4장 성과 진화

공작의 깃털은 왜 화려한 걸까? ················ 66

왜 암컷은 화려한 수컷을 좋아하는 걸까? 68 | 암컷을 둘러싼 수컷들의 싸움 69 | 암컷이 더 화려해지기도 한다 71 | 사자는 왜 새끼를 물어 죽이는 걸까? 71 | 수컷과 암컷의 갈등 72 | 수컷과 암컷이 비슷한 비율로 태어나는 이유는? 73 | 애초에 생물에게는 왜 성별이 있는 걸까? 74

| 칼럼 | 다윈을 골치 아프게 한 공작 | 67 |

제5장 수렴진화

선인장이 아닌 것은 무엇일까? ················ 80

헤엄치는 동물의 수렴진화 — 돌고래와 상어가 비슷한 이유는? 83 | 색깔이 비슷해지는 진화 84 | 돌고래나 상어와 꼭 닮은 멸종 파충류, 어룡 85 | 생물은 조상의 특징을 물려받는다 86 | 서로 다른데도 꼭 닮은 모습으로 진화한 포유류 88

제6장 상동

새의 날개, 나비의 날개, 사람의 팔 중에서 구조가 가장 비슷한 것은 무엇일까? ················ 94

같은 '날개'라도 나비와 새의 날개는 기원이 다르다 95 | 파충류의 턱뼈와 사람의 귀뼈 사이의 놀라운 관계 96

| 칼럼 | 새의 날개와 박쥐의 날개는 기원이 같은 걸까? 아니면 수렴진화의 결과일까? | 98 |
| 칼럼 | 사람은 어머니의 배 속에서 진화를 되풀이한다 | 99 |

제7장 서로 다른 종 사이의 관계와 진화

꽃에 달콤한 꿀이 있는 이유는 무엇일까? ... 104

서로가 없으면 번식할 수 없는 무화과나무와 무화과좀벌 105 | 우리의 세포 속에 있는 '또 다른 세포'의 흔적이란? 109 | 기생한 상대방의 행동을 '조종'하는 기생충 110 | '오른손잡이'인 물고기와 '왼손잡이'인 물고기 중에서 자손을 남기기 쉬운 쪽은? 112 | 달팽이 껍질은 왜 모두 오른쪽으로 말려 있는 걸까? 114 | 껍질이 왼쪽으로 말린 달팽이의 진화 115 | 박쥐와 나방의 진화 경쟁 116

칼럼	의도하지 않아도 진화는 일어난다	107
칼럼	다윈의 예언	108
칼럼	연가시가 숲과 강의 생태계를 이어준다?	112

제8장 의태

곤충은 어디에 숨어 있을까? ... 122

어디 있을까? — 배경에 녹아드는 의태 125 | 다른 동물로 헷갈리게 하는 의태 126 | 생김새와는 상관없는 의태 127 | 내 모습을 보라고! — 위험한 동물과 비슷해지는 의태 128 | 위험한 생물들이 서로 닮아가는 의태도 있다! 129 | 상대방을 속이는 가짜 눈알 131 | 의태하는 기생충 132 | 식물도 의태한다 132

제9장 인공 선택

양배추, 양상추, 브로콜리 중에서 나머지와 다른 하나는? ... 138

인공 선택이란? 139 | 벼에서 볍씨가 떨어지지 않는 이유 141 | 치와와도 개, 푸들도 개, 그럼 늑대는? 142

칼럼	후손들에게 씨앗을 남기자! 씨앗은행	145
칼럼	다윈과 인공 선택	146

제10장 진화에 숨겨진 사실

부모와 자식이 닮은 이유는 무엇일까? ·················· 152

모든 생물이 지닌 DNA란 대체 무엇일까? 152 | DNA는 어떻게 '설계도' 역할을 해내는 걸까? 154 | 단백질은 이렇게 만들어진다! 156 | 모든 사람의 DNA는 99.9%가 똑같다!? 159 | 자식은 부모에게서 한 벌씩 '설계도'를 물려받는다 160 | 사람은 46개의 염색체를 갖고 있다 160 | 어머니·아버지의 DNA가 전해지는 원리 161 | 부모님이 같더라도 형제의 DNA가 조금씩 다른 이유 162 | 불규칙한 특징을 만들어내는 DNA 165

| 칼럼 | DNA를 복제하는 원리 | 155 |
| 칼럼 | DNA, 유전자, 염색체, 게놈이란? | 167 |

제11장 협동의 진화

일개미와 여왕개미의 생김새가
다른 이유는 무엇일까? ·················· 172

역할이 서로 다른 일개미와 여왕개미 173 | 일개미가 여왕개미를 돕는 이유는? 174 | 개미와 벌의 '진사회성'에 숨은 비밀 175 | 개미나 벌 말고도 진사회성을 가진 생물 178 | 동물이 자신을 희생해가며 동료를 돕는 이유는? 179

에필로그 진화와의 만남

진화를 우리 주변에서 느껴보자! ·················· 186

생선가게에 가보자 186 | 생선가게에서 발견할 수 있는 '카운터 셰이딩' 187 | 눈이 옆에 달린 가자미를 관찰해보자 188 | 슈퍼마켓 채소 코너에 가보자 189 | 강아지풀과 조를 비교해보자 190 | 숨어 있는 생물을 찾아보자 191 | 닭 날개로 만들어보는 골격 표본 192

마치며 ······ 194
저자 소개 ······ 196
참고문헌 ······ 198

9

잽싸게 물속으로 잠수해 물고기를 낚아 올리는 물총새.
나뭇가지에서 뛰어들어 순식간에 먹이를 낚아챈다.

chapter 1

제 1 장

진화란 무엇일까?

생물의 몸은 왜 이렇게나
잘 만들어져 있는 걸까?

지구상의 생물은 모두 무척이나 정교하게 만들어져 있습니다. 누가 일부러 만든 것도 아닌데 왜 이렇게 잘 만들어져 있는 걸까요? 그 정답은 바로 진화에 있습니다. 이번 장에서는 진화란 무엇인지, 지구상의 생물은 어떤 진화의 역사를 걸어왔는지 살펴보겠습니다.

제 1 장

생물의 몸은 왜 이렇게나 잘 만들어져 있는 걸까?

  로봇이나 컴퓨터처럼 사람이 만들어낸 기계와 다르게 사람은 누군가가 설계해서 만들어진 것이 아닙니다.

  하지만 사람의 몸은 기계보다 훨씬 복잡하고 기계는 하지 못하는 일을 해내지요. 현재의 기술로는 사람은커녕 세균조차 인공적으로 만들어내지 못합니다. 세균처럼 비교적 단순한 생물조차 놀라우리만치 복잡한 구조로 움직이고 있기 때문이지요.

  누가 설계한 것도 아닌데, 왜 생물은 이토록 정교하게 잘 만들어져 있는 걸까요? 그것은 **생물이 수십억 년이라는 엄청나게 오랜 시간에 걸쳐 진화해왔기 때문**입니다. 이 책에서는 다양한 시점에서 '생물 진화의 신비'를 살펴보려 합니다.

ANSWER

생물은 오랜 시간에 걸친 진화를 통해서 정교하게 다듬어졌다.

 수십억 년이라니, 상상조차 못할 정도로 긴 시간이지

 우리 로봇처럼 누가 설계한 것도 아닌데 이렇게 잘 만들어져 있다니…… 굉장해

진화란 대체 무엇일까?

 진화가 아닌 것은 둘 중 어느 것일까?

① 하늘을 날던 조상이 날지 못하게 되면서 타조가 되었다

② 올챙이가 자라서 개구리가 되었다

제 1 장 생물의 몸은 왜 이렇게나 잘 만들어져 있는 걸까?

애초에 진화란 대체 무엇일까요? 포켓몬스터의 진화, 컴퓨터의 진화, 우주의 진화처럼 '진화'란 흔히 쓰이는 말이지만 이러한 진화는 생물학에서 말하는 진화와 다릅니다.

생물학에서는 **'생물의 집단에서 부모에게서 자식에게 전해지는 특징이 여러 세대를 거치며 조금씩 변해가는 현상'**을 진화라고 부릅니다.

 여러 세대를 거친다는 점이 중요한 부분이야

포켓몬스터의 진화와는 다르구나

그럼, 원래 하늘을 날던 새의 자손이 여러 세대를 거치는 사이에 날개가 퇴화되고 날지 못하게 되어서 타조로 변했다는 건 생물학에서 말하는 진화일까요? '그건 퇴화지 진화가 아니야'라고 생각하기 쉽지만 사실 이것도 진화랍니다.

타조가 날지 못하게 된 것은 한 세대 만에 벌어진 일이 아니라 여러 세대를 거치면서 조금씩 일어난 진화의 결과입니다. 따라서 ①은 어엿한 진화입니다. 퇴화라 하면 '진화의 반대말'처럼 느껴질 수도 있습니다. 하지만 생물학에서 쓰이는 진화라는 말은 '무엇인가가 더 나아지다'라는 뜻이 아닙니다. **퇴화도 진화에 포함**된답니다.

 퇴화도 진화구나!

애초에 좋아지는 건지 나빠지는 건지는 사람마다 기준이 다를 수 있으니까

올챙이가 자라서 개구리로 변하는 건 '올챙이의 자손이 여러 세대를 거치는 사이에 개구리로 변하는 것'이 아니라 '한 마리의 올챙이가 자라면서 모습을 바꿔 개구리가 되는 것'뿐입니다. 세대교체가 일어난 것이 아니므로 이것은 진화가 아닙니다. 올챙이가 개구리로 변하듯, **성장함에 따라 하나의 생물이 갑자기 모습을 바꾸는 것**은 **변태**라고 합니다. 포켓몬스터의 진화도 생물학적으로 보면 변태인 셈이지요.

> QUIZ 1의 정답 ② 올챙이가 자라나 개구리로 변하는 것은 '진화'가 아니라 '변태'라고 한다.

생물 진화의 역사를 조사하는 방법은?

진화를 이해하려면 '생물이 과거에 걸어왔던 진화의 역사'를 조사하는 것이 무척 중요합니다. 그럼 진화의 역사는 어떻게 조사하면 좋을까요?

우선 과거에 살았던 생물의 껍질이나 뼈 등의 **화석**은 진화의 역사를 보여주는 직접적인 증거입니다. 또한 생물은 진화 과정에서 지구의 환경에 큰 영향을 받거나 반대로 지구의

환경을 크게 바꾸기도 하므로 지층을 통해서 예전에 지구의 환경이 어땠는지를 조사하는 것도 중요하지요.

한편 현재 살아 있는 생물(**현생생물**) 역시 생물의 역사에 대해 다양한 사실을 알려준답니다. 예를 들어, 수많은 현생생물의 특징을 조사해보면 '그 생물이 어떤 진화의 역사를 걸어왔는지' 추측할 수 있습니다. 특히 딱딱한 부분이 없어서 화석으로 남지 못한 생물의 경우는 현생생물을 통해 진화의 역사를 알아볼 수밖에 없습니다. 진화의 역사에 관한 연구는 역사학과 마찬가지로 한정된 정보만으로 과거에 벌어졌던 일을 알아내려는 시도인 셈이지요.

과거에 일어났던 사건의 증거는 시간이 지남에 따라 점점 사라져 갑니다. 아무리 애를 써도 지구의 기나긴 역사 속에서 사라져버린 증거를 되살릴 수는 없기 때문에 진화의 역사를 완전히 밝혀내기란 불가능하지요. 또한 한정된 정보를 통해 추측해야 하므로 새로운 증거가 겨우 하나 발견되었을 뿐인데 당연하게 여겨졌던 사실이 뒤집히는 경우도 드물지 않답니다.

이처럼 진화의 역사에는 불확실한 부분이 많지만 그럼에도 지금까지의 연구를 통해 다양한 사실이 밝혀졌습니다. 다음 페이지에서는 지금까지 어떤 사실들이 밝혀졌는지, 진화의 역사를 간단히 되짚어보겠습니다.

시간이 지남에 따라 증거가 사라지기 때문에 오래 전 일일수록 알아내기 힘들어

시간이 지나면 지날수록 사건의 범인을 찾아내기 어려워지는 것과 똑같네. 진화생물학자들은 어쩐지 탐정 같아!

선캄브리아 시대
— 생명의 탄생

지구가 생겨난 때는 약 45억 년 전으로 봅니다. 그 뒤로 최초의 생명이 언제 어떻게 탄생했는지에 대해서는 아직 자세히 밝혀지지 않았지요. **현재 생명은 약 40억 년 전 지구에서 무기물이나 단순한 유기물에서 생겨난 것**으로 생각합니다.

지구가 생겨난 후 약 40억 년 동안, 지금으로부터 약 5.4억 년 전까지는 **선캄브리아 시대**라고 불립니다. 선캄브리아 시대의 화석은 그 수가 적고 밝혀지지 않은 부분이 많지만 진화의 역사에 대해 알아볼 때 중요한 여러 사건이 일어났지요.

예를 들어, 지구상의 현생생물은 세균·고세균·진핵생물이라는 세 가지 큰 그룹으로 나뉘는데(→제2장), 이들은 선캄브리아 시대의 전반기에 나타났습니다.

초기의 생물은 하나같이 맨눈으로는 볼 수 없을 정도로 작았지만 **선캄브리아 시대가 막을 내릴 무렵에는 수십cm나 되는 큰 생물이 나타나기 시작했습니다.** 특히 오스트레일리아나 아프리카의 나미비아, 러시아 등 세계 여러 곳의 약 6억 년 전 지층에서는 **에디아카라 동물군**이라 불리는 신비한 생물의 화석이 발견되고 있습니다. 에디아카라 동물군에 속한 생물 중에는 다른 시대의 생물과는 비슷한 점이 하나도 없는 생김새가 기묘한 생물이 많은데, 어떤 생물이었는지 자세히 밝혀지지 않았답니다.

에디아카라 동물군 중 하나인 디킨소니아(*Dickinsonia costata*). 오스트레일리아산. 약 5.5억 년 전의 바다 밑바닥에서 서식하고 있었다

고생대
— 식물이나 동물이 바다에서 육지로

선캄브리아 시대 이후로 약 5.4억~2.5억 년 사이가 바로 **고생대**입니다. 고생대의 캄브리아기에 접어들면서 바닷속에서는 삼엽충처럼 딱딱한 껍질을 뒤집어쓴 생물들이 나타납니다. 그래서 캄브리아기 이후로는 선캄브리아 시대에 비해 많은 화석이 발굴되기 시작하지요.

또한 캐나다의 버제스 셰일이나 중국의 첸장을 비롯해 세계 각지의 캄브리아기 바다 지층에서 **버제스 셰일 동물군**이라 불리는 잘 보존된 화석이 발견되고 있습니다.

버제스 셰일 동물군에서 발견된 아노말로카리스(Anomalocaris canadensis). 캐나다 버제스 셰일산. 캄브리아기. 절지동물(곤충, 전갈, 지네, 삼엽충 등을 아우르는 무리)의 조상에 가까운 생물

완족류

삼엽충의 일종(Placo-paria tournemini). 오르도비스기. 삼엽충 주변의 조개껍질 같은 화석은 완족류로, 두 장의 껍질이 있지만 쌍각류 조개와는 전혀 다른 생물이다.

아노말로카리스의 복원도

버제스 셰일 동물군에는 현생생물에서는 찾아볼 수 없는 생김새가 신기한 생물이 많습니다. 또한 보통은 화석으로 잘 남지 않는 말랑말랑한 부분이 말끔하게 보존되어 있기 때문에 진화의 역사를 밝혀내는 데 중요한 단서가 되지요.

고생대의 바다에서는 완족류나 바다나리가 번성했습니다. 삼엽충은 석탄기 이후로 종류가 줄어들기는 했지만 고생대가 막을 내릴 때까지 살아남았습니다.

물고기들은 오르도비스기까지는 그다지 눈에 띄는 생물이 아니었지만 실루리아기 이후로 종류가 다양해졌습니다.

캄브리아기부터 이미 다양한 생물이 살고 있던 바다와는 달리 육지의 생태계가 풍요로워지기까지는 조금 더 시간이 걸렸습니다. 식물은 고생대 초기에 뭍으로 진출했고, 실루리아기에는 커다란 식물도 나타나기 시작했습니다. 지네나 전갈·거미 등, 땅 위에서 생활하는 동물이 번성하기 시작한 때 역시 실루리아기입니다.

이어서 데본기에는 턱이 있는 물고기 무리에서 네 발로 땅 위를 걷는 양서류 같은 동물이 진화하게 됩니다.

석탄기에 접어들면서 거대한 양치식물 등이 넓은 숲을 이뤘고, 곤충의 종류가 다양해졌습니다. 본래 건조한 환경에서는 살아갈 수 없었던 양서류 같은 동물이 평생을 육지에서 생활하는 동물로 진화한 시기 역시 석탄기로, 이 동물들이 바로 파충류나 포유류 등의 조상이 되었지요.

고생대와 중생대를 나누는 경계인 **P-T(페름기-트라이아스기)**경계에서는 대멸종이 일어났

바다나리의 일종(*Temnocrinus tuberculatus*), 실루리아기. 얼핏 보면 식물 같지만 불가사리·거미불가사리·성게·해삼과 같은 극피동물. 극피동물은 몸의 형태가 오방사 대칭(똑같이 생긴 5개의 구조가 부채꼴로 늘어선 형태)인 것이 특징이다

컴퓨터 그래픽으로 재현한 석탄기의 숲

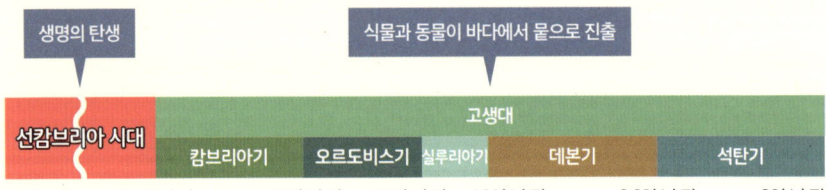

습니다. 바다에서는 삼엽충이 완전히 멸종하고 완족류나 바다나리의 종류도 크게 줄어듭니다. 땅 위에서도 수많은 동식물이 멸종했지요.

중생대
— 다양한 파충류가 번성하다

P-T경계의 대멸종 이후로 2.5억~6600만 년 전까지는 **중생대**라고 불립니다. 중생대의 바다에서는 P-T경계에서 크게 숫자가 줄어든 완족류를 대신해 쌍각류 조개나 고둥이 늘어나기 시작합니다. 고생대에 출현한 암모나이트류가 크게 늘어나서 다양한 생김새의 수많은 종이 생겨난 것은 중생대 바다의 특징 중 하나랍니다. 또한 새우·게와 같은 갑각류도 중생대 이후로 두드러지기 시작했습니다.

중생대의 육지에서는 공룡을 비롯해 파충류가 번성했습니다. 트라이아스기에 출현한 공룡은 특히 쥐라기와 백악기에 여러 종류로 늘어났습니다. 또한 공룡 이외에도 하늘부터 바닷속까지 다양한 환경으로 진출한 파충류들이 나타났지요. 쥐라기에는 공룡의 한 무리가 하늘을 나는 능력을 손에 넣었는데, 이 공룡들이 바로 새의 조상입니다. 한편 중생대에는 소철·은행·침엽수의 친척인 겉씨식물이 두드러지기 시작했습니다.

중생대와 다음 시대인 신생대를 나누는 경계는 **K-Pg경계(백악기-고진기 경계)**라고 합니다. K-Pg경계에서는 거대한 운석이 지구와 충돌하면서 대멸종이 일어납니다. 이때의 멸종으로 공룡을 비롯해 중생대에 번성했던 파충류 대부분이 멸종했습니다. 공룡의 자손 중에 살아남은 동물은 일부의 새뿐이지요. 바닷속에서도 중생대를 통틀어 크게 번성했던 암모나이트류가 멸종합니다.

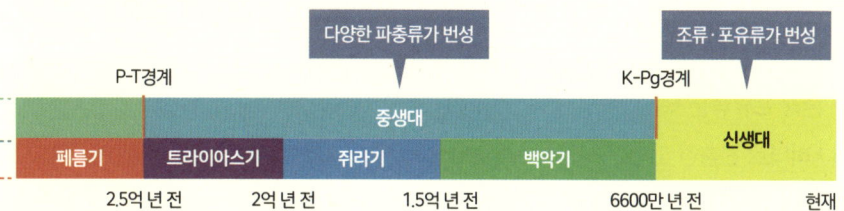

사실 공룡은 용각류인 ②밖에 없습니다. 용각류는 ① 수장룡과 헷갈리는 경우가 많지만 바다에 살았던 수장룡은 공룡이 아니랍니다. ③은 바다로 진출한 모사사우루스류(왕도마뱀과 가까운 무리), ④는 하늘로 진출한 익룡입니다. 공룡은 조류와 가까운 종을 제외하면 기본적으로는 바다나 하늘로 진출하지 않았습니다. 또한 중생대의 지상에서는 악어의 친척 등, 공룡 말고도 다른 대형 파충류가 살고 있었지요.

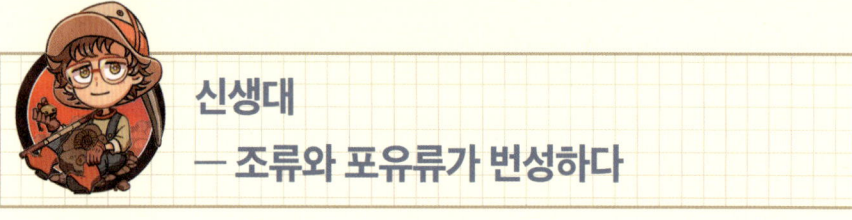

신생대
― 조류와 포유류가 번성하다

6600만 년 전의 백악기 말에 일어난 대멸종부터 현재에 이르기까지를 **신생대**라고 부릅니다. 고제3기에는 **조류와 포유류의 종류가 다양**해졌습니다.

본래 포유류는 육지에서 살아가고 있었지만 신생대에 접어들면서 하늘로 진출한 박쥐나 바다로 진출한 고래 등, 다양한 종류의 동물들이 진화를 이루었습니다. 또한 신생대의 바다에서는 물고기 역시 무척이나 다양한 종류로 늘어나는 데 성공했습니다.

　식물로 눈을 돌려보면 신생대에는 다양한 속씨식물이 생겨나면서 지상의 환경도 크게 달라졌습니다. 속씨식물인 나무가 우거진 활엽수림에서는 가지와 가지가 맞닿은 '숲천장'이라는 환경이 발달했고, 이 환경을 이용하는 동물도 진화했습니다. 예를 들어, 대부분의 원숭이 무리는 뭔가를 움켜쥘 수 있는 손발을 지녔기 때문에 나무 위에서 살아가기에 적합했지요.

　또한 약 2300만 년 전에 시작되는 신제3기에 접어들자 지상에서는 주로 벼과 식물들로 구성된 초원이 펼쳐지기 시작합니다. 그에 따라 말 같은 기제류나 소 같은 우제류 등, 대형 초식 포유류가 나타났습니다.

　이러한 환경의 변화와 더불어 본래 숲천장에 적응해서 살고 있던 원숭이 무리 중 초원으로 진출한 무리에서 **사람이 태어납니다.**

QUIZ 3 — 고래와 가장 가까운 포유류는 다음 중 무엇일까요?
① 코끼리
② 코뿔소
③ 하마

바다를 헤엄치는 혹등고래

　고래는 우제류에서 진화했습니다. 그중에서도 고래와 가장 가까운 현생생물은 하마 무리입니다. 코뿔소는 말에 가까운 무리(기제류)입니다. 코끼리는 아프로테리아상목이라 하는 아프리카에서 다양해진 동물의 무리에 속해 있습니다. 마찬가지로 바다에 진출한 아프로테리아상목으로는 바다소류(매너티나 듀공-옮긴이)가 있습니다.

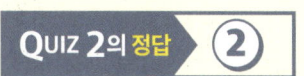 

chapter 2

제 2 장

생물의 계통

지구상에는 왜 이렇게 다양한 생물이 있는 걸까?

우리 인간부터 요거트 안에 든 유산균까지, 지구상에는 생김새는 물론 크기까지 제각각인 생물들이 살고 있습니다. 놀랍게도 이 모든 생물들의 조상은 같답니다. 같은 조상에서 여러 갈래로 나뉘는 과정이 있어 생물은 이렇게나 다양해진 셈입니다. 이번 장에서는 생물의 다양성(생김새나 빛깔 등의 특징이 여러 가지로 다양한 상태-옮긴이)과 계통에 대해 알아보겠습니다.

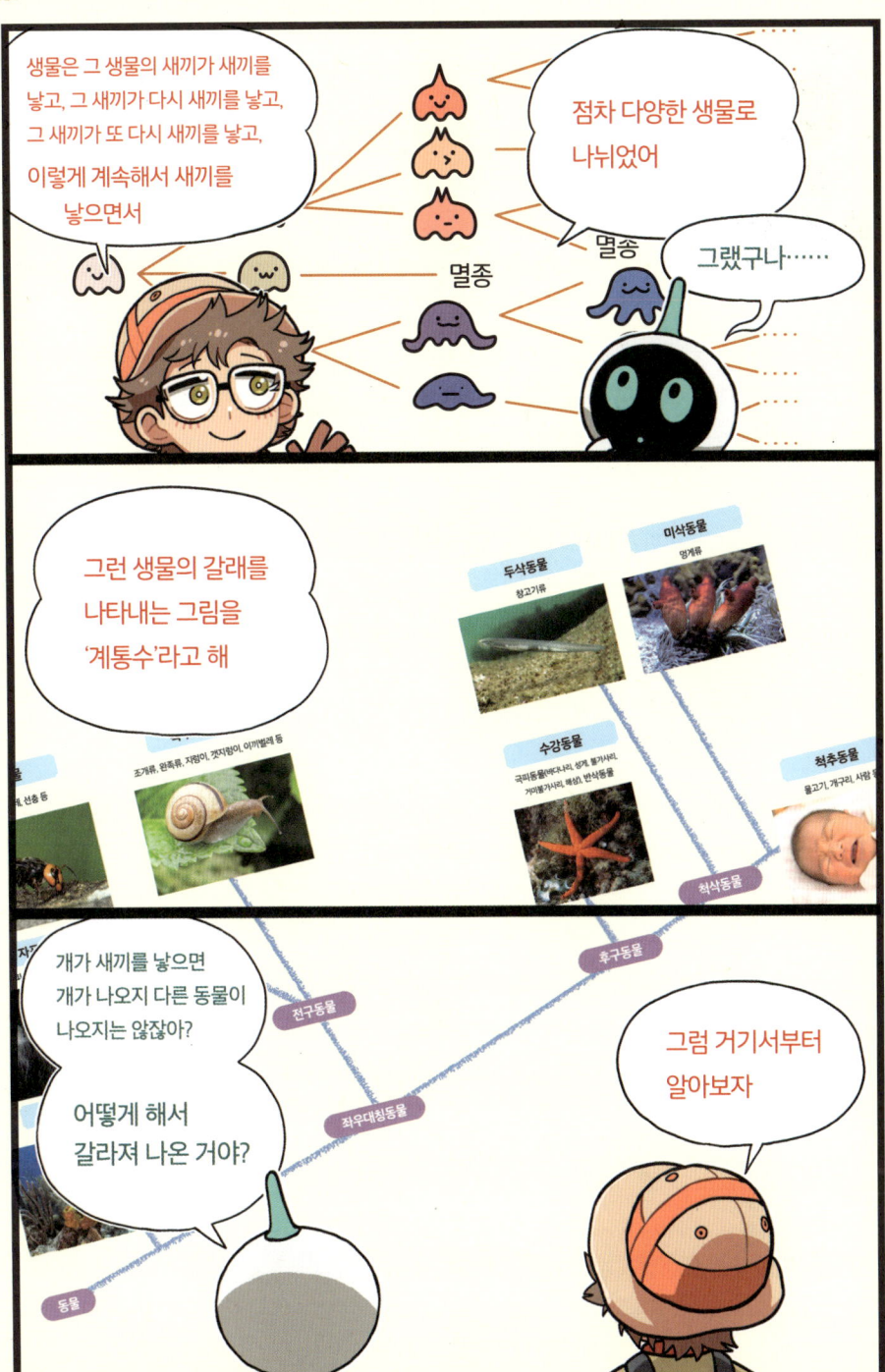

제 2 장

지구상에는 왜 이렇게 다양한 생물이 있는 걸까?

우리 주변에는 수많은 생물이 있습니다. 인간, 개, 버섯, 식물, 유산균까지 모두 같은 생물이지요. 놀랍게도 이 **모든 생물의 조상을 찾아서 거슬러 올라가다 보면 같은 조상**에 다다르게 됩니다. 지구상의 모든 생물은 아득히 오래 전에 살았던 똑같은 조상에서 시작된 자손인 셈이지요.

새끼를 낳고, 그 새끼가 다시 새끼를 낳는 일이 반복됨에 따라 생물은 진화하고, 세대를 거치면서 생김새나 성질이 달라지기 시작했습니다. 이러한 진화와 함께 원래는 같은 종이었던 생물이 다른 종으로 나뉘며 점차 다양한 형태의 종이 생겨났습니다.

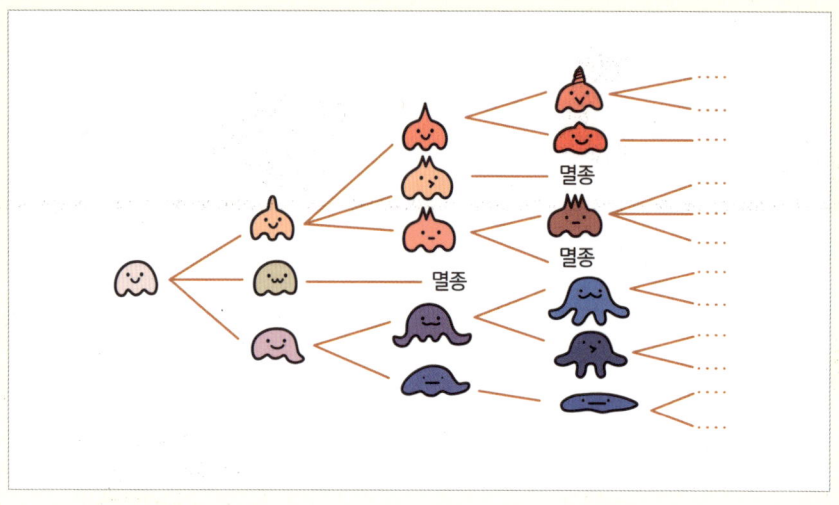

그렇다면 생물은 어떻게 한 조상에서 수많은 종으로 나뉠 수 있었던 걸까요? 그 물음에 대답하려면 **'생물이 자손을 만들어내는 방법'**에 대해 알아봐야 합니다.

우리에게 친숙한 생물들은 대부분 수컷과 암컷으로 나뉘어 있으며, **같은 종의 수컷과 암컷이 짝짓기를 하고 새끼를 낳아서 자손을 남깁니다.** 한편 다른 종의 수컷과 암컷은 기본적으로 짝짓기를 하지 못하기 때문에 자손을 남기지 못하지요.

어떤 섬에 개구리가 무리를 지어 살고 있다고 예를 들어보겠습니다. 기후가 바뀌어 바닷물의 높이가 높아져서 섬이 둘로 나뉘자 개구리는 두 섬을 오갈 수 없어졌습니다. 그 결과 이 개구리들은 두 집단으로 나뉘었고, 서로 마주칠 일이 없어졌지요.

이 상태에서 시간이 흘러 세대가 바뀌자 두 섬에 살던 개구리 사이에서는 점차 다양한 차이가 생겨나기 시작했습니다. 결국 두 집단의 개구리들은 짝짓기를 해도 자손을 남길 수 없게 되었습니다.

한 번 짝짓기가 불가능해지면 설령 두 섬이 다시 이어진다 하더라도 두 집단이 다시 합쳐지는 일은 더 이상 일어나지 않습니다. 이렇게 되었을 경우, '원래 하나였던 종이 둘로 나뉘었다'라고 볼 수 있습니다.

이처럼 어떤 이유 때문에 서로 짝짓기를 할 수 없게 되면서 **하나의 종이 둘 이상의 종으로 나뉘는 현상**을 **종 분화**라고 합니다.

1 어느 섬에 개구리 무리가 살고 있었다

2 바닷물의 높이가 높아지면서 섬이 둘로 나뉘었고, 개구리 무리도 둘로 나뉘었다

3 시간이 지남에 따라 두 무리 사이에는 차이가 생겨나기 시작했다

4 설령 두 섬이 다시 하나로 이어지더라도 두 무리는 더 이상 합쳐지지 못한다

ANSWER

조상은 같지만 세대가 계속해서 바뀌는 사이에 진화가 일어남과 동시에 종 분화가 일어나 여러 종으로 나뉘면서 다양한 종류의 생물이 생겨났다.

이번에는 성별이 있는 생물을 예로 들었지만 실제로는 **성별이 없는 생물**도 무척 많습니다. 이런 경우에도 같은 종 사이에서 일어나던 유전자(→제10장) 교환이 어떠한 이유에서 더 이상 일어나지 않게 되면 마찬가지로 종 분화가 발생하게 됩니다.

그런데 '종'이란 무엇일까?

QUIZ 1

짝지어 놓은 두 동물 중에서 같은 종이 아닌 것은 무엇일까요?

① 치와와와 토이푸들

치와와

토이푸들

② 말과 당나귀

말

당나귀

생물의 종은 어떻게 나누면 좋을까요?

사실 이 문제는 무척이나 어렵습니다. 지구상에는 무척 다양한 성질의 생물이 살기 때문에 종을 구별하는 방식을 모든 생물에 똑같이 끼워 맞출 수 없거든요. 그 결과, 어떤 것을 종으로 볼 것인지(**종 개념**이라고 불립니다)를 두고 다양한 주장이 오가고 있습니다.

가장 널리 알려진 종의 구별법이 바로 **생물학적 종 개념**입니다. 생물학적 종 개념에서는 **같은 무리 안에서는 서로 짝짓기를 해서 자손을 남길 수 있지만 다른 무리와는 짝짓기를 해서 자손을 남기지 못하는** 생물의 무리를 종이라고 부릅니다.

말과 당나귀는 짝짓기를 할 수 있지만 암컷 말과 수컷 당나귀의 새끼인 노새는 자손을 남길 능력이 없기 때문에 말과 당나귀는 서로 다른 종입니다. 한편 치와와와 토이푸들 사이에서 나온 믹스견은 치와푸라고 불리지요. 치와푸는 자손을 남길 수 있기 때문에 치와와와 토이푸들은 겉모습이 크게 다르지만 모두 개라는 같은 종에 속합니다.

QUIZ 1의 정답 말과 당나귀는 같은 종이 아니다.

종을 뚜렷하게 구별하기는 어렵다

생물학적 종 개념으로는 종을 구별하기 어려운 사례도 무척 많습니다. 애당초 성별이 없는 생물에는 생물학적 종 개념을 적용할 수 없지요.

예를 들어, 버들솔새라는 새는 오른쪽의 지도와 같이 티베트 고원을 에워싸듯 고리 모양으로 분포해 있는데, 가까이에 사는 무리끼리는 짝짓기를 할 수 있습니다. 그런데 분포지의 양

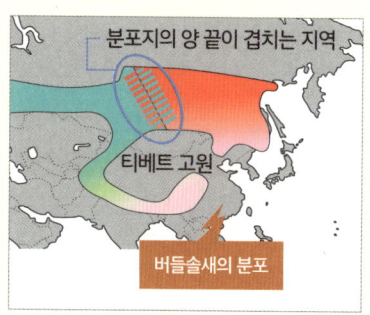

끝이 겹쳐지는 시베리아 중부의 경우, 끝부분의 두 무리는 같은 곳에 살고 있지만 짝짓기를 하지 않기 때문에 서로 다른 종처럼 보입니다. 이러한 경우에는 어디서 종을 구별하면 좋을지 확실히 알 수 없지요.

또한 고생물의 종을 구별할 때에도 생물학적 종 개념은 적용할 수 없습니다.

200만 년에 걸쳐 조금씩 형태가 바뀐 어느 암모나이트를 예로 들겠습니다. 이 암모나이트의 '9800만 년 전의 개체(어떠한 종에서 하나의 독립된 생물체-옮긴이)'와 '9600만 년 전의 개체'가 같은 종인지를 결정하기 위해 생물학적 종 개념을 적용하려면, '9800만 년 전의 개체'와 '9600만 년 전의 개체'가 과연 짝짓기를 할 수 있었을지 알아봐야 합니다.

하지만 당연히 암모나이트는 물론 그 어떤 생물도 시간을 뛰어넘어 짝짓기를 하지는 못합니다. 설령 시간여행을 할 수 있다 하더라도 '9800만 년 전의 개체'와 '9700만 년 전의 개체', '9700만 년 전의 개체'와 '9600만 년 전의 개체'는 각각 짝짓기를 할 수 있지만, '9800만 년 전의 개체'와 '9600만 년 전의 개체'는 짝짓기를 하지 못하는 상황이라면 생물학적 종 개념으로는 어디서 종을 구별하면 좋을지 결정할 수 없겠지요.

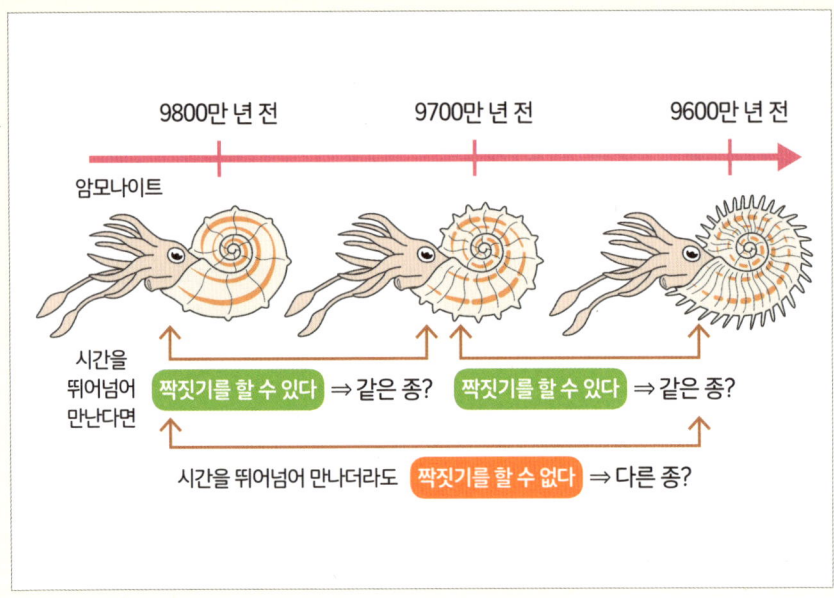

알고 있으면 좋은 '학명'의 구조

 일반적으로 사용되는 생물의 이름은 간혹 생물학적으로 구분해놓은 종과 맞지 않을 때가 있습니다. 예를 들어, 같은 종인 생물이 사는 지역에 따라 다른 이름으로 불리거나, 크기에 따라 다른 이름으로 불리는 경우가 있지요. 하지만 이래서야 연구를 할 때 각각의 이름이 어느 종을 가리키는지 애매모호해지기 때문에 곤란합니다.

 이런 문제를 해결해주는 것이 바로 **학명**입니다. **학명은 한 종의 생물당 하나뿐**이며, 동물의 경우는 국제 동물 명명규약, 조류와 진균, 식물의 경우는 국제 조류·세균·식물 명명규약, 세균·고세균의 경우는 국제 원핵생물 명명규약에 따라서 지어집니다. 학명을 붙일 때는 이러한 규약에 따라서 새로운 종이 이미 알려져 있는 종과 어떻게 다른지를 기록한 기재 논문을 발표해야 하지요.

 기재 논문에서는 그 종의 기준이 되는 표본인 **기준 표본**이 정해집니다. 후세의 연구자들은 이 기준 표본과 비교해서 자신의 표본이 이미 알려져 있는 종인지, 학명이 붙지 않은 미기재종인지를 조사합니다.

 학명은 라틴어 문법에 따라 두 단어로 나타냅니다. 예를 들어, 사람의 학명은 *Homo sapiens*(호모 사피엔스)입니다. *Homo*는 속명으로, 사람이 *Homo*속이라는 무리에 속해 있음을 나타냅니다. 그리고 *sapiens*는 종소명으로, 속명과 하나로 묶여서 *Homo sapiens*라는 종임을 나타냅니다. 속명과 종소명은 보통 이탤릭체로 씁니다. 또한 속명은 첫 글자를 대문자로 써야 하지요. 아종명처럼 속과 종 이외의 계급이 붙기도 합니다. 예를 들어, 개의 학명은 *Canis lupus familiaris*인데, 여기서 *familiaris*가 바로 아종명입니다. 학명의 뒤에 그 학명을 붙인 사람의 이름과 학명이 붙은 연도를 표기하기도 합니다. 예를 들어, 사람의 학명을 살펴보면 *Homo sapiens Linnaeus*, 1758로 표기되어 있습니다. 이는 1758년에 박물학자 칼 폰 린네(라틴어 이름: Carolus Linnaeus)가 사람에게 학명을 붙였다는 사실을 가리키지요.

이러한 사실을 생각해보면 종이란 결국 인간의 편의에 맞게 나눠놓은 것이라고 볼 수 있습니다.

종을 구별한다는 건 쉽지가 않구나……

연구자에 따라 같은 종인지 다른 종인지 의견이 엇갈리는 경우도 많아

결과적으로 말하자면 정확하게 구별하기는 어렵지만 보통은 '다른 집단과 거의 섞이지 않으며, 다른 집단과는 독립적으로 진화의 길을 걷는 생물의 한 집단'을 종이라 부른다고 볼 수 있습니다.

진화의 역사를 나타내는 '계통수'란?

생물이 종 분화를 거듭하면서 갈라져 나온 진화의 역사를 나무의 형태로 나타낸 그림을 계통수라고 부릅니다. 계통수의 뿌리 부분은 조상에 해당하고, 가지 끝으로 가까워질수록 새 시대의 생물임을 가리키지요.

예를 들어, 도마뱀·새·사람·개구리의 계통수는 아래의 그림과 같습니다.

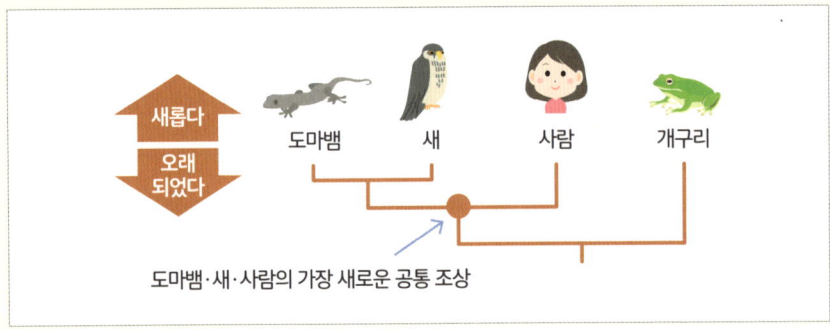

계통수는 **생물이 갈라져 나오는(분기) 순서를 나타내는** 것이기 때문에 그 분기점에서 좌우의 가지를 서로 바꾸더라도 뜻은 달라지지 않습니다. 따라서 아래의 계통수는 앞 페이지의 계통수와 같은 셈이지요.

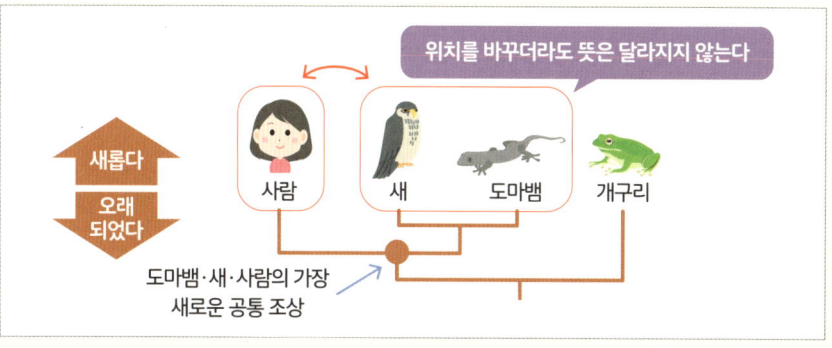

칼럼

계통수는
어떻게 조사하는 걸까?

어떤 생물이 걸어온 진화의 역사를 풀어내려면 그 생물에 대한 지금의 단서를 토대로 계통수를 추정해야 합니다. 계통수를 추정하는 데 현재 가장 널리 사용되는 방법으로는 DNA(→제10장) 정보를 이용하는 방법이 있습니다. 이 방법으로 추정해낸 계통수는 **분자 계통수**라고 불립니다. 한편 DNA 정보를 구할 수 없는 화석 등은 형태에서 알아낼 수 있는 정보를 통해 계통수를 추정하기도 합니다. 두 경우 모두 우리가 찾아낼 수 있는 계통수는 어디까지나 추정하는 결과일 뿐입니다. 연구가 진행되면서 그전까지 당연하다 생각했던 계통수가 실은 아니었다고 밝혀지는 일도 드물지 않게 일어난답니다. 꾸준한 연구를 통해 조금씩 진화의 역사가 밝혀지는 셈이지요.

계통수를 해석해보자

그럼 실제로 계통수를 살펴봅시다.

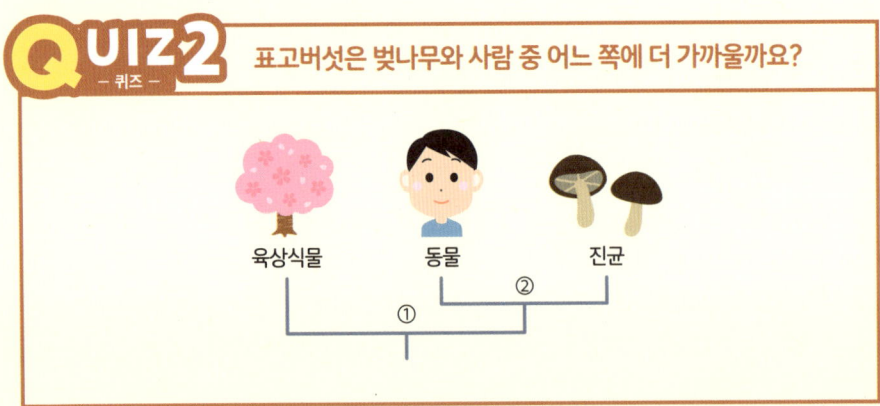

QUIZ 2 표고버섯은 벚나무와 사람 중 어느 쪽에 더 가까울까요?

위의 그림은 사람을 포함한 동물, 벚나무를 포함한 육상식물, 표고버섯을 포함한 진균(버섯의 무리)이라는 세 그룹이 어떠한 순서에 따라 갈라져 나왔는지를 나타내는 계통수입니다. 이 그림을 통해 진균이 육상식물과 동물 중 어느 쪽과 더 가까운지를 해석해봅시다. 뿌리 부분에서 시작해보면 ①에서 '육상식물'과 '동물과 진균을 합친 그룹'으로 나뉘고, 다음으로 ②에서 '동물'과 '진균'으로 나뉩니다. 뿌리 쪽과 가까울수록 옛날에 일어난 일이니 동물과 진균이 나뉘기 전에 육상식물이 먼저 나뉘었다는 사실을 알 수 있지요. 그렇습니다. **진화의 역사를 생각해보면 표고버섯은 벚나무보다 사람에 더 가깝다**는 뜻입니다. 실제로 진균과 동물은 모두 후편모생물이라 불리는 큰 그룹에 속해 있기 때문에 육상식물에 비해 더 가까운 사이입니다.

QUIZ 2의 정답 사람. 표고버섯은 벚나무보다 사람에 더 가깝다.

칼럼

생물에는 '고등한 생물'도, '하등한 생물'도 없다

사람과 가깝거나 지능이 높다고 알려진 생물을 '고등하다'라고 부르거나, 반대로 그런 느낌과는 거리가 먼 생물을 '하등하다'라고 부르는 경우가 있습니다. 또한 사람과 비슷한지 아닌지를 떠나서 어떠한 계통 안에서 '고등', '하등'이라는 용어가 사용되기도 하지요. 예를 들어, '속씨식물은 고등한 식물이고 양치식물은 하등한 식물이다'라는 표현을 들어본 적이 있지 않나요?

하지만 진화생물학에서는 생물을 고등생물이나 하등생물이라는 식으로 구별하지 않습니다. 이러한 표현은 '고등한' 생물은 '하등한' 생물보다 '진화에 앞섰다'라는 느낌을 주지만 잘못된 생각입니다. 생물학에서 **진화는 '발전'을 뜻하는 말이 아닙니다. 진화란 그때의 환경이나 우연에 좌우되어 일어나는 변화**일 뿐, 모자란 것이 뛰어난 것으로 발전하는 과정이 아니지요.

평소에 우리는 '기술의 진화'라는 말을 쓰듯이 진화를 '발전'이라는 의미로 사용하기도 하지만, 생물의 진화에 대해 생각할 때에는 이러한 사용법에 끌려 다니지 않도록 조심해야 합니다.

모든 생물은 저마다 그때, 그곳의 환경에 적응해온 진화의 산물이랍니다. 어떤 것이 뛰어난 것도, 뒤떨어진 것도 아니지요. 복잡한 생물, 단순한 생물이라는 차이는 있을 수 있지만, 복잡하다고 해서 뛰어나다는 말은 아닙니다. 단순한 생물은 간단한 구조만으로도 지금까지 살아남았다는 점에서 보자면 복잡한 생물에 비해 훨씬 세련되게 살아간다고도 할 수 있으니까요. '지능이 높으면 고등하고 낮으면 하등하다'라는 이미지 역시 인간이 멋대로 그렇게 생각하는 것뿐입니다.

계통수를 따라 진화의 역사를 거슬러 올라가보자

현생생물은 크게 **세균·고세균·진핵생물**이라는 세 그룹으로 나뉩니다. 이중에서 세균과 고세균을 합쳐 **원핵생물**이라고 하지요. 진핵생물은 고세균의 일부에서 진화했다는 사실이 밝혀졌습니다.

엑스카바타
유글레나, 트리파노소마 등

SAR
갈조류(다시마 등), 짚신벌레, 유공충, 방산충 등

원핵생물

세균(박테리아)
유산균, 대장균 등

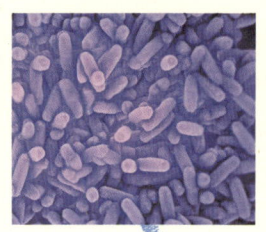

고세균(아키아)
메테인 세균, 고도 호염성 세균

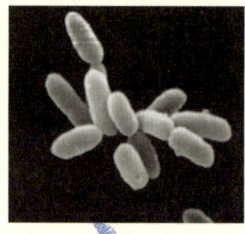

진핵생물

아메바류
점균, 아메바의 일부 등

진균
버섯, 곰팡이, 효모 등

원시색소체생물
→ 42페이지로

후편모생물

동물
→ 40페이지로

제2장 지구상에는 왜 이렇게 다양한 생물이 있는 걸까?

※ 그림에 나타난 것은 일부의 계통입니다.

'동물'이라 하면 포유류와 조류만을 가리킨다고 생각하는 사람도 있지 않을까요. 하지만 생물학에서 말하는 동물에는 훨씬 다양한 생물이 포함되어 있습니다. 사람이 어떻게 진화해왔는지, 계통수를 따라가 봅시다.

탈피동물
절지동물, 곰벌레, 선충 등

촉수담륜동물
조개류, 완족류, 지렁이, 갯지렁이, 이끼벌레 등

자포동물
해파리, 말미잘, 산호 등

전구동물

해면동물
해면류

좌우대칭동물

39페이지에서 이어집니다

동물

※ 그림에 나타난 것은 일부의 계통입니다.

두삭동물
창고기류

미삭동물
멍게류

제 2 장

지구상에는 왜 이렇게 다양한 생물이 있는 걸까?

수강동물
극피동물(바다나리, 성게, 불가사리,
거미불가사리, 해삼), 반삭동물

척추동물
물고기, 개구리, 사람 등

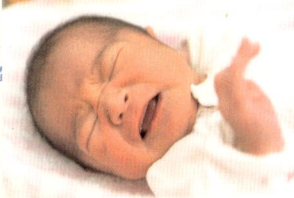

척삭동물

후구동물

QUIZ 3 -퀴즈-
불가사리와 달팽이 중에서 사람과 가까운 것은 어느 것일까요?

힌트
가지가 갈라져 나온 순서를 잘 살펴봐!

41

육상식물은 홍조나 녹조 등과 함께 원시색소체생물이라 불리는 그룹에 포함됩니다. 마찬가지로 광합성을 하는 생물이라도 다시마 같은 갈조류나 유글레나는 전혀 다른 그룹이라는 사실에 주의하세요(→38~39쪽).

우산이끼류
우산이끼 등

뿔이끼류
뿔이끼 등

솔이끼류
물이끼, 솔이끼 등

홍조식물
우뭇가사리, 김 등

이끼식물

육상식물

39페이지에서 이어집니다

원시색소체생물

※ 그림에 나타난 것은 일부의 계통입니다.

양치식물
고사리, 속새 등

겉씨식물
소철, 은행, 소나무 등

석송류
석송, 물부추, 부처손 등

속씨식물
국화, 장미, 벼, 수련 등

종자식물

관속식물

제2장 지구상에는 왜 이렇게 다양한 생물이 있는 걸까?

QUIZ 3의 정답 불가사리

달팽이는 조개의 친척으로 촉수담륜동물에 포함돼. 40~41페이지의 계통수를 살펴보면 불가사리와 사람의 가지는 '달팽이'와 '불가사리·사람을 합친 그룹'의 가지보다 나중에 갈라져 나왔다는 걸 알 수 있지. 그래서 정답은 불가사리야

그렇구나!

chapter 3

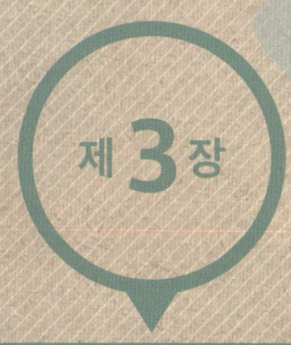

제 3 장

자연 선택

기린의 목이 긴 이유는 무엇일까?

제2장에서는 '지구상의 생물은 같은 조상에서 태어나 세대를 거치면서 조금씩 모습이 바뀌고, 갈라져 나오기를 반복했다'라는 사실을 배웠습니다. 그럼 어떠한 원리에서 세대를 거치며 모습이 바뀌는 걸까요? 이번 장에서는 진화의 원동력이라고도 불리는 자연 선택에 대해 알아보겠습니다.

제 3 장

기린의 목이 긴 이유는 무엇일까?

이건 누구나 한 번쯤은 생각해본 궁금증일지도 모르겠네요. 기린 하면 떠오르는 긴 목이 생겨나기까지는 다음과 같은 과정이 있었을 것으로 생각합니다.

① '목이 긴 기린'과 '목이 짧은 기린'이 있는 집단이 있었다.
② 목이 긴 기린은 높은 곳에 있는 나뭇잎을 먹기 쉽다.
③ 먹이를 많이 먹을 수 있기 때문에 목이 긴 기린이 살아남기 쉽다.
④ 그 결과, 목이 긴 개체가 더 많은 자손을 남긴다.
⑤ 목이 긴 개체의 새끼가 부모의 특징을 물려받는다면 다음 세대에는 목이 긴 기린이 많아진다.
⑥ 이러한 과정이 여러 세대에서 반복되면서 목이 긴 기린이 많은 집단으로 변한다.

기린의 조상은 목의 길이가 저마다 달랐다

목이 긴 기린이 살아남기에 더 유리하기 때문에 더 많은 자손을 남겼다

세대를 거치면서 기린은 목이 긴 동물이 되었다

ANSWER

목이 긴 기린이 살아남기 더 유리해서 많은 자손을 남겼기 때문에 점차 자손들의 목이 길어졌다.

'기린의 목이 길어진 이유는 높은 곳에 있는 나뭇잎을 따먹기 위해서'라는 설명을 들은 적이 있을 텐데, 이건 잘못된 설명입니다. 진화는 '높은 곳에 있는 나뭇잎을 따먹을 수 있도록 목을 늘이자'라는 식으로 생물의 의지나 목적에 맞게 일어나는 것이 아니랍니다.

진화를 일으키는 자연 선택

자연 선택은 다윈과 월리스(→54페이지)가 발견한 것으로, **진화를 일으키는 원리** 중 하나입니다. 다음의 조건이 갖춰졌을 때에는 세대를 거치면서 생물 집단의 특징은 변화를 일으킵니다. 이 과정을 자연 선택이라고 하지요.

① 어떤 **형질**(생물이 가진 특징)이 집단 안에 **불규칙하게 흩어져 있다**
② 그 형질은 **유전**된다
③ 형질에 따라 **자손을 남기기 쉬운지 어려운지가 달라진다**

유전에 대해서는 제10장에서 자세히 설명하겠지만, 간단히 말하자면 **부모의 특징이 자식에게 전해지는 현상**입니다. 만약 특징이 자손에게 전해지지 않는다면 생물 집단의 변화가 다음 세대로 전해지지 않겠지요. 따라서 유전은 진화에 반드시 필요한 조건입니다.
또한 **'자손을 남길 수 있는 가능성'**을 **적응도**라고 하는데, 어떤 형질을 갖게 되면서 어떤 생물의 적응도가 다른 생물보다 높아졌을 경우, **'그 형질은 적응적이다'**라고 표현합니다. 기린을 예로 들자면 '목이 길다는 형질은 적응적'이었던 셈입니다.

칼럼

알고 보면 어려운
'기린의 목이 긴 이유'

지금까지 목이 긴 기린은 높은 곳에 있는 나뭇잎을 먹는 데 유리하기 때문에 진화를 통해 목이 길어졌다고 설명했습니다.

하지만 기린의 진화에서 '높은 곳에 있는 나뭇잎을 먹는 것'이 실제로도 중요했을지에 대해서는 의견이 갈립니다.

기린의 긴 목은 암컷을 둘러싼 수컷들의 다툼에도 쓰입니다. 목으로 상대를 때려서 공격하는 것이지요. 이러한 다툼에서는 목이 긴 수컷이 유리한 만큼 더 많은 자손을 남길 수 있기 때문에 목이 길어지는 진화가 일어났다는 설도 있지요.

이러한 예에서도 알 수 있듯이 '어떤 특징이 실제로 어떤 이유에서 적응적인가'를 알아내기란 쉬운 일이 아니랍니다.

암컷을 둘러싸고 긴 목으로 거칠게 싸우는 수컷 기린. 얌전한 초식동물이라는 말이 거짓말처럼 느껴질 정도로 과격하다

검은 나방이 늘어난 이유는?

회색가지나방이라는 나방에는 색깔이 밝은 개체와 어두운 개체가 있다는 사실이 알려져 있습니다. 19세기 후반의 영국에서는 원래 많았던 밝은 색깔의 개체가 줄어들고 어두운 색깔의 개체가 늘어났습니다. 이유가 무엇일까요?

회색가지나방이라는 나방에는 희끄무레한 밝은 색 개체와 거무스름한 어두운 색 개체가 있습니다. 원래는 밝은 색 개체가 더 많았지만 19세기의 영국에서는 공장이 많아지면서 어두운 색 개체의 비율이 더 늘어나는 현상이 관찰되었지요.

밝은 색 개체는 지의류(진균, 녹조 등과 공생하는 생물)가 들러붙어 있는 나무껍질에 몸을 숨기기 쉬웠고, 반대로 어두운 색 개체는 지의류 위에 있으면 눈에 잘 띄었습니다. 눈에 잘 띄는 개체는 새처럼 눈으로 보고 먹잇감을 찾아다니는 포식자에게 쉽게 잡아먹혔지요. 다시 말해 지의류가 붙어 있는 나무껍질이 많은 환경에서는 밝은 색 개체가 더 적응도가 높은 셈입니다. 그런데 공장이 들어서고 대기가 오염되면서 지의류는 줄어들었고, 점차 거무스름한 배경이 늘어나기 시작했습니다. 그러자 이번에는 반대로 밝은 색 개체가 더 눈에 잘 띄게 되었고, 어두운 색 개체의 적응도가 높아졌습니다. 이렇게 공업화와 더불어 어두운 색 개체의 비율이 더 늘어난 것이랍니다.

| 주변이 밝으면 어두운 색 개체가 더 눈에 잘 띄기 때문에 잡아먹히기 쉽다 | 주변이 어두우면 밝은 색 개체가 더 눈에 잘 띄기 때문에 잡아먹히기 쉽다 |

  자연 선택의 실제 사례로 유명한 이 현상은 **회색가지나방의 공업 암화**라는 이름으로 알려져 있습니다. 또한 실험에서도 배경에 녹아들기 쉬운 색깔의 회색가지나방이 새에게 잘 잡아먹히지 않는다는 사실이 확인되었지요.

  자연 선택은 보통 매우 오랜 시간에 걸쳐서 일어나기 때문에 직접 관찰하기란 쉬운 일이 아닙니다. 회색가지나방의 공업 암화는 눈앞에서 일어난 자연 선택을 사람이 직접 관찰할 수 있었던 보기 드문 사례인 셈이지요.

  또한 이 사례에서 알 수 있듯이 어떤 형질이 적응적인지는 환경에 따라서 달라집니다.

QUIZ 1의 정답   공업화에 따른 대기오염으로 나무껍질의 색깔이 검게 변하면서 어두운 색 개체가 잘 잡아먹히지 않게 되었기 때문에.

 흰색과 검정색의 차이는 엄청 크구나!

적응적인지 아닌지는 그 생물이 살아가는 환경에 따라 달라진다는 사실, 이해했지?

칼럼

다윈과 자연 선택

진화라 하면 찰스 다윈(1809~1882년)을 떠올리는 사람이 많습니다. 다윈은 어떤 사람이고 무엇을 발견해서 유명해진 걸까요?

사실 진화를 가장 먼저 주장한 사람은 다윈이 아닙니다. '생물은 진화한다'라는 사실을 주장했던 학자는 다윈 이전에도 있었지요. 하지만 이러한 생각은 '신이 인간을 창조했다'라고 말하는 기독교의 가르침에 어긋나기 때문에 당시 유럽에서는 받아들여지지 않았습니다.

1868년에 찍은 다윈의 사진

다윈이 세운 가장 큰 업적은 자연 선택이라는 간단한 발상을 이용하면 생물의 진화를 합리적으로 설명할 수 있다는 사실을 밝혀내, '생물은 진화한다'라는 사실을 모두가 받아들일 수 있게 한 것이 아닐까요.

한편으로 다윈은 진화에 대해 연구하면서 자연 선택뿐 아니라 그 외에 다양한 사실을 발견했습니다. 이 칼럼에서는 현대 진화생물학의 기초를 쌓아 올린 다윈의 생애와 업적에 대해 간단히 소개해보겠습니다.

1809년에 영국에서 태어난 다윈은 어렸을 때부터 자연스럽게 박물학을 접하며 자랐습니다. 1831년에는 케임브리지대학교를 졸업한 후, 박물학자 신분으로 비글호라는 배에 올라 세계 각지를 돌아다녔지요.

1836년까지 5년에 걸쳐 세계를 일주한 다윈은 여정 도중에 여러 곳에서 생물과 지질을 조사했고, 다양한 생물과 화석 표본을 들고 영국으로 돌아갔습니다.

비글호 항해에서 여러 발견을 한 다윈은 뛰어난 박물학자로서 영국에서 이름을 떨쳤습니다. 그리고 여러 학자의 도움을 받아 항해 중에 수집한 표본을 연구하는 사이, 이 표본들의 다양성을 설명하려면 **어떤 종이 다른 종으로 변하는 현상, 즉 진화가 필요하다**는 생각을 했지요.

이후로 다윈은 지질이나 생물에 관해 연구하는 한편으로 진화에 관해서도 연구를 진행해, 자연 선택이라는 생물의 진화 원리를 생각해냈습니다.

하지만 다윈은 세상 사람들의 반대가 두려워 자연 선택 이론을 발표해도 좋을지 망설이고 있었지요. 그러다 1858년에 그보다 열네 살 어린 박물학자 알프레드 러셀 월리스(1823~1913년)가 보낸 편지를 받으며 상황이 크게 바뀌었습니다. 동남아시아에서 생물을 조사하던 월리스는 진화를 설명하기 위한 원리로서 다윈과 마찬가지로 자연 선택을 생각해냈고, 그 생각을 정리한 논문의 원고를 다윈에게 보내온 것입니다!

월리스가 자신과 똑같은 생각을 했다는 사실에 놀란 다윈은 월리스의 논문과 함께 그전까지 발표를 미루고 있었던 자연 선택에 관한 연구를 발표했습니다.

이후 1년에 걸쳐 다윈은 진화에 관한 자신의 연구를 한 권의 책으로 정리했습니다. 그 책이 바로 1859년에 출간된 『종의 기원』입니다.

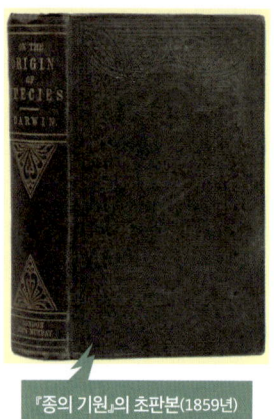

『종의 기원』의 초판본(1859년)

『종의 기원』은 출판 직후부터 수많은 반대를 불러일으켰지만 수많은 화제를 모았고, 사람들은 점차 생물이 진화한다는 사실을 받아들이기 시작했지요.

다윈은 『종의 기원』이 출간된 후로도 계속해서 진화에 관한 연구를 발표했습니다.

예를 들어, 1862년에는 식물과 곤충의 관계에 대한 저서인 『On the various contrivances by which British and foreign orchids are fertilised by insects, and on the good effects of intercrossing(영국과 외국 난

초를 곤충으로 수정시키는 다양한 방법과 교배의 좋은 효과에 대해)』를 발표했는데, 이 연구는 생물 간의 관계에서 벌어지는 진화에 대한 연구의 주춧돌이 되었답니다(→제7장). 또한 1871년에는 『인간의 유래와 성 선택』이라는 책을 출간해 성 선택에 관한 연구의 기초를 다졌습니다(→제4장).

참고로 다윈은 진화생물학의 기초를 쌓았지만 다윈의 생각이 모두 옳았던 것은 아닙니다. 다윈이 살았던 시대에는 제10장에서 다루게 될 유전자나 DNA가 널리 알려져 있지 않았으므로, 유전자에 관한 다윈의 생각 중 상당수가 이후의 연구를 통해 틀렸다는 사실이 밝혀졌습니다.

다윈이 청년 시절에 탔던 배, 비글호

갈라파고스 제도의 다윈핀치류

적도 바로 아래에 위치한 남미 에콰도르에서 서쪽 태평양 위에 떠 있는 갈라파고스 제도에는 다윈핀치류라 불리는 새의 무리가 살고 있습니다. 다윈핀치류는 저마다 생김새가 다른 약 20여 종으로 나뉘어 있는데, 재미있게도 이 새들은 짧은 시간 사이에 같은 조상에서 갈라져 나온 결과물이랍니다.

다윈핀치류는 종에 따라서 다른 환경을 이용해서 다른 먹이를 먹고 살아갑니다. 먹이에 따라 다른 자연 선택을 받은 결과, 조상 때는 모두 똑같이 생겼던 부리가 먹이에 알맞은 형태로 바뀌어갔지요. 예를 들어, 크고 굵은 부리는 딱딱한 씨앗을 부수는 데 유리했고, 가느다란 부리는 곤충을 낚아채는 데 유리했습니다. 이처럼 **어떤 그룹이 특정한 환경을 이용하는 것을 '생태적 지위'를 차지한다**라고 표현합니다.

이러한 예처럼 짧은 시간 사이에 하나의 공통된 조상에서 다양한 생태적 지위를 개척하는 일이 일어나, 그 자손들의 종류가 다양해지는 현상을 **적응방산**이라고 부릅니다.

곤충을 주로 먹는 솔새핀치

부리가 큰 씨앗을 깨먹는 데 유리한 큰땅핀치

선인장 꽃이나 과일을 먹는 선인장핀치

'다윈핀치류'라는 이름을 보니 다윈하고 무슨 관계가 있는 것 같은데?

이 새들의 표본을 가장 먼저 영국으로 가져간 사람이 다윈이야. 젊은 시절의 다윈은 비글호를 타고 갈라파고스 제도에 도착했지

 ## 진화는 우연히 일어나기도 한다!

지금까지 몇 가지 예를 들어 자연 선택에 대해 설명했습니다. 그럼 자연 선택으로 생물의 진화를 모두 설명할 수 있을까요?

실제로는 자연 선택 외에도 다른 중요한 원리들이 있습니다. 때로는 우연히 진화가 일어나는 경우도 있지요.

우연에 따른 진화의 원리로는 **유전적 부동**이 있습니다. 유전적 부동이란 **어떤 생물의 집단 안에서 유전되는 어떤 특징을 가진 개체의 비율이 우연히 변하는 현상**을 말합니다.

유전적 변동의 효과는 집단의 개체 수가 적을 때 특히 강하게 나타납니다. 반대로 개체의 수가 충분히 많으면 우연의 효과는 약해지는 대신 자연 선택의 효과가 강해집니다.

 진화를 일으키는 건 자연 선택뿐만이 아니구나

유전적 부동이 큰 영향을 끼치는 예로는 **병목 효과**가 있습니다. 병목 효과란 **어떠한 이유로 개체의 수가 급격히 줄어들면서 유전되는 특징을 지닌 개체의 비율이 크게 변하거나 다양성이 줄어드는 현상**을 말합니다.

가느다란 병목을 통과하듯이 본래의 집단에서 적은 수의 개체만이 살아남는다는 사실에서 이러한 이름이 붙었지요.

병목 효과는 멸종 위기 동물을 보전해야 할 때 문제를 일으키기도 합니다. 한 번 개체 수가 크게 줄어들어버리면 설령 나중에 숫자가 회복된다 하더라도 본래의 다양성은 되돌릴 수 없기 때문이지요.

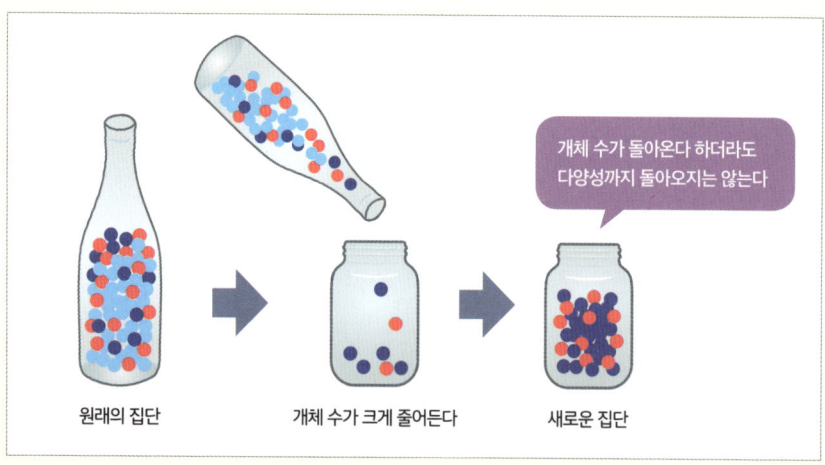

원래의 집단에서 일부의 개체가 다른 땅으로 이주하는 등의 이유로 새롭게 작은 집단이 생겨났을 때 역시 유전적 부동의 효과는 강해집니다. 이러한 이유로 유전되는 특징을 가진 개체의 비율이 크게 변하거나 다양성이 줄어드는 현상을 **창시자 효과**라고 합니다.

유전되는 특징과 유전되지 않는 특징

지금까지는 유전되는 특징에 대해 알아봤지만 생물의 특징이 모두 유전되는 것은 아닙니다. 예를 들어, 우리가 열심히 근육 운동을 하면 근육이 커집니다. 하지만 아무리 운동을 열심히 한들 커진 근육이 자손에게 유전되지는 않지요.
같은 개체라 해도 환경에 따라서 특징이 달라지는 것을 **표현형 가소성**이라고 합니다.

개중에는 전혀 다른 종처럼 모습이 달라짐에도 불구하고 그 특징이 유전되지 않는 경우도 있지요.

예를 들어, 에조도롱뇽의 유생(변태하는 동물의 새끼-옮긴이) 중에는 머리가 큰 개체와 작은 개체, 이렇게 두 가지 형태가 있습니다. '머리가 큰' 유생은 다른 에조도롱뇽의 유생이나 올챙이가 많이 사는 환경에서 찾아볼 수 있습니다. 이 커다란 머리는 덩치가 비슷한 도롱뇽의 유생이나 올챙이같이 큰 먹이를 잡아먹기에 유리하지요.

이러한 현상은 유전적인 변화가 아니기 때문에 머리가 큰 도롱뇽이 낳은 알에서 태어났다 해서 그 유생까지 머리가 커지리라는 보장은 없습니다. **환경에 따라 머리가 작은 유생이 되기도, 머리가 큰 유생이 되기도 하는** 것이지요.

다만 도롱뇽의 머리 크기는 유전되지 않지만 이러한 변화가 일어난다는 성질 자체는 유전으로 정해집니다. '환경에 따라 생김새가 크게 달라진다'라는 성질은 자연 선택에 따라 진화한 결과입니다.

머리 크기가 다른 에조도롱뇽의 새끼

> 칼럼

생물의 진화에
'목적'은 없다

'기린의 목은 높은 곳에 있는 나뭇잎을 따먹기 위해 길어졌다'
'기린의 목이 긴 이유는 높은 곳에 있는 나뭇잎을 따먹기 위해서다'
이렇게 마치 어떤 생물이 어떤 목적 때문에 스스로 변했다거나, 아니면 생물이 어떤 설계대로 목적에 맞게 만들어졌다는 설명을 접할 때가 있습니다.

하지만 진화생물학의 관점에서 보자면 이러한 생각은 올바르지 않습니다. 기린의 긴 목은 '높은 곳에 있는 나뭇잎을 먹기 위해'라는 목적에 맞게 진화한 결과가 아닙니다. 그저 '생존에 유리한 개체'가 살아남으면서 결과적으로 목이 긴 생물로 진화했을 뿐이지요. 높은 곳에 있는 나뭇잎을 먹어야 한다는 목적을 이루기 위해 기린 스스로 목이 길어지게 진화한 것도, 높은 곳에 있는 나뭇잎을 먹기 쉽게 누군가가 기린의 목을 늘여준 것도 아닙니다.

기린을 예로 들자면 '다른 기린보다 목이 긴 기린은 더 높은 곳에 있는 나뭇잎을 먹을 수 있기 때문에 살아남기에 유리했다. 그 결과, 목이 긴 기린이 더 많은 자손을 남겼고, 다음 세대에서는 목이 긴 기린이 늘어났다. 이 과정이 반복되면서 전체적으로 목이 긴 동물이 되었다'라는 것이 진화생물학의 관점에서 볼 때 올바른 표현입니다. 글이 조금 길어졌지만 정확히 표현하려면 이 정도 설명은 필요하답니다.

'목이 긴 기린은 높은 곳에 있는 나뭇잎을 먹을 수 있으므로 적응적이다(자손을 남길 가능성이 높다)'라고 짤막하게 표현할 수도 있지만, 그러려면 듣는 사람이 '적응적'이라는 말이 무슨 뜻인지 알아야 합니다. 그리고 '적응적'이라는 말의 뜻을 설명하려면 역시나 제법 긴 설명이 필요하지요.

마찬가지로 '생물의 목적은 종의 보존이다'라는 설명 역시 쉽게 찾아볼 수 있는 오해입니다. 앞서도 말했지만 생물의 진화에 목적은 없습니다. 또한 지금의 진화학에서는 자연 선택에 따라 살아남는 것은 기본적으로 '자손을 남기기 쉬운 종'이 아니라 '자손을 남기기 쉬운 개체'라고 보고 있습니다. 자신에게 불리하더라도 같은 종의 다른 개체를 돕는 특성은 잘 진화하지 않지만, 같은 종의 다른 개체에 해를 끼치더라도 자신의 자손을 남기기에 유리한 특성은 진화하기 쉽지요. 예를 들어, 59페이지의 에조도롱뇽이나 72페이지의 새끼를 죽이는 사자의 경우에는 같은 종의 다른 개체를 죽여서라도 자신의 자손을 많이 남기려는 특성이 더 적응적입니다.

  진화를 설명할 때 생물을 의인화하는 것은 진화에 목적이나 의도가 있는 듯한 인상을 주기 때문에 주의해야 하는 방식입니다. 또한 진화생물학적으로 어떤 생물이 자손을 남기는 데 유리한 성질이라고 해도 인간 사회에까지 고스란히 적용되지는 않습니다. 예를 들어, 아이를 낳지 않아서 자손을 전혀 남기지 않는 것은 진화생물학적으로 불리한 행위입니다. 하지만 인간 사회를 보면 아이를 많이 낳아야 진화생물학적으로 유리하다 해서 반드시 아이를 많이 낳지는 않지요.

  우리는 평소에 어떠한 목적에 따라 행동하는 경우가 많습니다. 우리 주위의 건물이나 도구에는 어떠한 목적이 있고, 그 목적에 맞는 형태나 성질을 갖게끔 만들어져 있지요. 그래서 'OO는 xx하기 위한 △△이다'라는 표현은 아주 이해하기 쉬운 반면, 진화생물학적으로 정확한 표현은 너무 길고 복잡하게만 들립니다. 그래서 습관처럼 '기린의 목은 높은 곳에 있는 나뭇잎을 따먹기 위해 길어졌다'라고 표현하게 되는 것이 아닐까요. 하지만 과학적으로 생각하기 위해서는 이러한 습관에 얽매이지 말아야 합니다. '진화에 목적 따위는 없으며 그저 결과적으로 그렇게 되었을 뿐이다.' 이것이 바로 생물의 진화이며, 생물의 진화가 재미있는 이유 중 하나이기도 합니다. 생물의 진화에 대해 생각할 때는 이 사실을 꼭 기억해주셨으면 합니다.

공작의 암컷(사진 앞쪽)과 수컷(뒤쪽)

chapter 4

제 4 장

성과 진화

공작의 깃털은 왜 화려한 걸까?

제3장에서는 생물의 진화에는 자연 선택이 큰 역할을 한다는 사실을 배웠습니다. 그렇게 생각해보면 수컷 공작의 화려한 깃털은 천적의 눈에 띄기 쉬우니 살아남기에는 불리할 것 같은데요. 이런 경우는 자연 선택으로는 설명하기 어려울 듯합니다. 공작의 깃털이 화려한 이유는 대체 무엇일까요? 이번 장에서는 생물의 성별이 초래하는 재미있는 진화 현상을 소개하겠습니다.

제 4 장 공작의 깃털은 왜 화려한 걸까?

 수컷 공작은 멋진 장식깃을 달고 있습니다. 이 장식깃은 얼핏 보기에도 눈에 잘 띄고 하늘을 날기에도 거추장스러워 보이지요. 이래서야 금방 천적에게 발견되어 잡아먹힐 테니 자손을 남기기는 어려울 것 같네요.

 그렇게 생각해보면 자연 선택으로는 공작이 아름다운 깃털을 갖게끔 진화한 이유를 설명하기 어려울 것 같습니다. 그렇다면 수컷 공작의 깃털은 왜 이렇게나 화려해진 걸까요? 그 이유는 다음과 같이 설명할 수 있습니다.

① 깃털이 '화려한 수컷'과 '수수한 수컷'으로 이뤄진 집단이 있다.
② 암컷 공작은 깃털이 더 화려한 수컷을 짝짓기 상대로 선택하는 경향이 있다.
③ 그 결과, 깃털이 화려한 수컷이 더 많은 자손을 남긴다.
④ 깃털의 화려함이 유전되어 다음 세대에서는 깃털이 화려한 수컷이 늘어난다.
⑤ 세대교체가 반복되는 사이에 집단에는 깃털이 화려한 수컷만 남게 된다.

화려한 수컷과
수수한 수컷이 있었다

암컷이 화려한 수컷을 선택해서
더 많은 자손을 남겼다

그 결과, 더
화려한 수컷이 늘어났다

이렇게 **어떤 특징을 가진 한 개체가 성별이 같은 다른 개체에 비해 짝짓기 상대를 쉽게 구하기 때문에 세대를 거치면서 집단 안에 그 특징을 가진 개체가 늘어난다**라는 이론을 **성 선택**이라고 합니다.

공작을 예로 들어보면 깃털이 화려한 것은 수컷 공작뿐, 암컷의 깃털은 수수합니다. 이처럼 성 선택에 따라 수컷과 암컷의 특징이 달라지는 상태인 **성적 이형**으로 진화하는 경우가 있습니다.

> **ANSWER**
> 깃털이 화려한 수컷 공작이 암컷에게 인기가 많아서 더 많은 자손을 남겼기 때문에.

'암컷에게 인기를 끌기 위해 깃털이 아름답게 진화했다'라는 설명을 종종 볼 수 있는데, 이처럼 마치 '인기를 끌기 위해'라는 목적 때문에 몸을 변화시켰다는 듯한 표현은 진화를 설명하는 데에는 적절하지 않답니다.

칼럼

다윈을 골치 아프게 한 공작

성 선택을 가장 먼저 생각해낸 사람은 다윈입니다. 다윈은 공작이 생존에 불리할 것 같은데도 깃털이 화려하게 진화한 이유를 자연 선택으로는 설명할 수 없다는 사실에 골머리를 썩이고 있었습니다. 그리고 이 현상을 설명하기 위해 성 선택에 관한 연구를 발전시켰지요. 다윈은 편지에 '공작의 꼬리 깃을 볼 때마다 기분이 나빠진다'라는 글을 남길 정도였답니다.

왜 암컷은 화려한 수컷을 좋아하는 걸까?

암컷 공작에게 '화려한 수컷을 선호한다'라는 취향이 생겨난 이유는 무엇일까요?

그 이유를 설명하기 위해 여러 가설이 등장했지만 그중에서 무엇이 가장 유력한지에 대해서는 지금까지도 의견이 분분합니다. 여기에서는 주된 두 가지 가설을 소개하겠습니다.

가설 1 런어웨이(폭주) 과정

처음에 어떠한 이유로 암컷 공작이 화려한 수컷을 선택하는 경향이 있었을 뿐이었는데, 세대를 거치면서 이러한 취향이 강해졌을 가능성입니다. 이러한 과정을 런어웨이(폭주) 과정이라고 부릅니다.

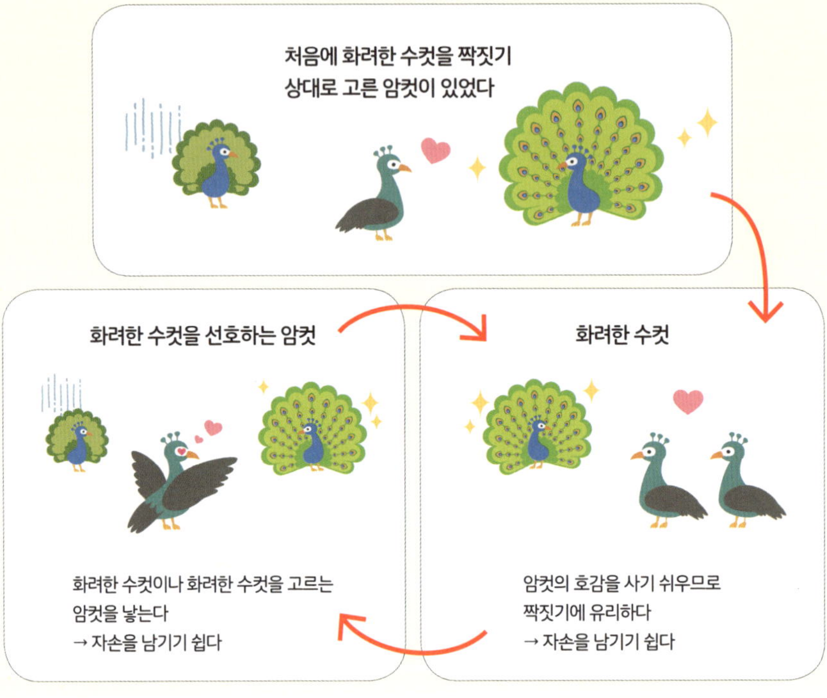

처음에 화려한 수컷을 짝짓기 상대로 고른 암컷이 있었다

화려한 수컷을 선호하는 암컷

화려한 수컷이나 화려한 수컷을 고르는 암컷을 낳는다
→ 자손을 남기기 쉽다

화려한 수컷

암컷의 호감을 사기 쉬우므로 짝짓기에 유리하다
→ 자손을 남기기 쉽다

① 암컷 공작이 화려한 수컷을 짝짓기 상대로 선택하는 경향이 있다.
② 수컷의 경우, 화려한 수컷이 암컷의 호감을 사기 쉬우므로 짝짓기에 유리해지고, 더 많은 자손을 남긴다.
③ 암컷의 경우, 더 화려한 수컷을 선호하는 암컷이 암컷의 호감을 사기 쉬운 화려한 수컷을 낳거나 화려한 수컷을 선호하는 암컷을 낳기 때문에 자손을 남기기 쉽다.
④ 그 결과, 세대를 거치면서 수컷은 더욱 화려해지고, 암컷은 더욱 화려한 수컷을 고른다.

가설 2 화려한 장식은 자신이 뛰어난 개체임을 알리는 신호

깃털이 화려한 수컷일수록 뛰어난 경향이 있다면 화려한 수컷을 선호하는 암컷이 자손을 남기기 더 쉬워질 테고, 암컷에게는 화려한 수컷을 선호하는 경향이 생겨나지 않을까요.

간단히 설명하자면 이렇습니다. 장식이 화려하려면 그만한 비용이 들고, 뛰어난 수컷일수록 더 적은 비용으로 장식을 화려하게 할 수 있는 상황이라면, 화려한 장식은 자신이 그만큼 뛰어난 개체임을 알려주는 신호가 될 수 있겠지요.

암컷을 둘러싼 수컷들의 싸움

공작의 경우는 **이성의 선호도에 따라 성 선택이 일어납니다.** 이것을 **이성 간 선택**이라고 합니다. 한편 이성이 직접 고르지 않더라도 성 선택이 일어나는 경우가 있습니다. 사슴은 암컷을 둘러싸고 수컷끼리 다툼을 벌이지요. 그래서 성 선택이 일어난 결과, 수컷만 이러한 다툼에 사용하는 뿔을 갖게 되었습니다. 이처럼 **같은 성별 간의 경쟁을 통해서 성 선택이 일어나는** 현상을 **동성 내 선택**이라고 합니다. 딱히 이성이 선호하는 특징은 아니지만 그 특징 덕분에 동성 간의 경쟁에서 유리해진다면 성 선택이 일어납니다.

뿔을 이용해서 싸우는 수컷 사슴

QUIZ 1 -퀴즈-

사슴과 중에서도 순록은 일부 암컷도 뿔이 있습니다. 이러한 현상은 눈이 많은 지역에서 살아가는 순록의 생태와 관련이 있습니다. 암컷 순록은 대체 뿔을 어디에 사용하는 걸까요?

암컷 순록

수컷 순록은 발정기가 끝나면 뿔이 떨어지기 때문에 겨울에는 뿔이 없습니다. 한편 일부 암컷 순록은 겨울에 뿔이 자라납니다.

순록은 먹이를 구하려면 겨우내 깊게 쌓인 눈 밑을 파헤쳐야 하므로 먹이를 구할 곳이 한정적입니다. 그래서 암컷 순록은 먹이를 구할 장소에서 뿔이 없는 수컷을 쫓아내고 귀

중한 먹이를 얻기 위해 뿔을 사용하는 것으로 보입니다. 실제로 눈이 많은 지역의 순록일수록 뿔이 있는 암컷의 비율이 높다고 알려져 있습니다.

> **QUIZ 1의 정답** 먹이가 있는 곳에서 수컷을 쫓아내고 귀중한 먹이를 구하는 데 사용한다.

암컷이 더 화려해지기도 한다

지금까지는 수컷에게 강한 성 선택이 일어나는 사례를 소개했지만, 암컷에게 더 강한 선 선택이 일어나는 경우도 드물지만 있습니다. 예를 들어, 지느러미발도요는 암컷에게 빨간 깃털에 뒤덮인 부분이 더 많아서 수컷보다 화려합니다. 이러한 종은 암컷이 여러 수컷과 짝짓기를 하고 수컷이 새끼를 키운답니다.

지느러미발도요. 왼쪽이 수컷, 오른쪽이 암컷

사자는 왜 새끼를 물어 죽이는 걸까?

'사자는 새끼를 낳으면 낭떠러지에 떨어뜨린다'라는 말이 있습니다. '자식이 경험을 쌓을 수 있도록 일부러 험한 길을 걷게 한다'라는 뜻이지요. 실제로 사자에게는 이러한 습성이 없지만, 수컷 사자가 새끼 사자를 물어 죽이는 행동은 널리 알려져 있습니다. 어째서 이런 짓을 하는 걸까요?

사자는 무리 지어 생활하는 동물로, 여러 마리의 암사자와 적은 수의 수사자, 그리고 새끼 사자로 구성된 무리를 형성합니다. 수컷은 다 자라면 자신이 태어난 무리를 떠나서 몇몇 수컷 사자들과 함께 행동합니다. 이렇게 떠돌던 수컷은 이따금 암컷이 있는 다른 무리에서 수컷을 쓰러뜨려서 쫓아내고 무리에 끼어듭니다.

바로 이때 수사자가 새끼 사자를 물어 죽이는 사건이 벌어집니다. 이때 수사자가 죽이는 새끼들은 다른 수컷과 무리의 암컷 사이에서 태어난 새끼들이지요. 새로 무리에 들어온 신입 수컷의 관점에서 보자면, 남의 새끼 사자를 죽이고 무리의 암컷에게 빨리 자신의 새끼를 낳게 해야 자손을 남길 가능성이 높아지기 때문입니다. 제3장의 칼럼(→60페이지)에서도 이야기했지만 '생물의 목적은 종의 보존이다'라는 말은 틀린 말입니다. 동족의 새끼를 죽이는 행동은 '종의 보존'이라는 관점에서는 설명할 수 없지만, 진화의 관점에서 보자면 합리적인 행동이지요.

한편 암컷은 수컷이 자신의 새끼를 죽이지 못하도록 저항한다고 합니다. 암컷의 관점에서 보자면 자신의 새끼가 죽임을 당했다간 남길 수 있는 자손의 수도 줄어들게 됩니다. 하지만 수컷에게 덤빈다는 것은 위험한 일이기에 암컷 자신이 죽거나 상처를 입을 가능성도 있습니다.

무리의 수컷이 바뀔 때에는 대부분 새끼들이 죽임을 당하지만 암컷의 저항이 성공해 새끼가 살아남는 경우도 있답니다.

새끼를 물어 죽이는 수컷 사자(왼쪽)와 막으려 하는 암컷(오른쪽)

수컷과 암컷의 갈등

유성생식(암수의 구별이 있는 생물이 짝을 맺어 새로운 개체를 남기는 것-옮긴이)을 하는 생물의 경우, **수컷과 암컷이 자신들의 이득을 두고 갈등**을 벌이기도 합니다. 이러한 갈등을 **성적 갈등**이라고 합니다. 수컷 사자가 새끼를 물어 죽이는 행동 역시 그 사례 중 하나지요. 수컷에게는 원래부터 무리에 있던 새끼 사자를 죽이는 것이 자신의 자손을 늘리는 데 유리하지만 암컷에게는 불리한 셈입니다.

또한 수컷과 암컷의 짝짓기 전략 차이에서 생겨나는 성적 갈등도 있습니다. 수컷은 짝짓기 상대인 암컷의 수가 많을수록 많은 새끼를 남길 수 있기 때문에 적응도가 높아집니다. 한편 암컷의 경우는 평생 동안 낳을 수 있는 새끼의 수가 정해져 있기 때문에 짝짓기 횟수가 일정 횟수를 넘어서면 오히려 적응도가 떨어지고 말지요. 이때 수컷에게 가장 좋은 짝짓기 횟수와 암컷에게 가장 좋은 짝짓기 횟수가 다르기 때문에 성적 갈등이 생겨납니다.

수컷과 암컷이 비슷한 비율로 태어나는 이유는?

수컷과 암컷이 있는 생물의 경우는 대부분 수컷과 암컷이 거의 비슷한 비율로 태어납니다. 왜 이런 현상이 일어나는 걸까요?

표현을 달리하자면 **많은 생물에게서 '수컷과 암컷이 비슷하게 태어난다'라는 성질이 진화해온** 이유는 무엇일까요?

수컷과 암컷이 비슷한 비율로 태어나는 현상은 얼핏 당연한 일처럼 보일지도 모릅니다. 하지만 사실은 따로 이유가 있답니다.

여기서 부모가 암컷과 수컷을 비슷하게 낳지 않고, 저마다 다른 비율로 낳는다고 가정해보겠습니다. 암컷이 낳을 수 있는 새끼의 수는 정해져 있지만 수컷은 여러 암컷과 짝짓기를 한다면 수많은 새끼를 남길 수 있습니다.

주변에 암컷이 무척 많을 경우, 자신만 수컷을 잔뜩 낳는다면 자손의 숫자는 많아질 겁니다. 그러면 수컷을 많이 낳는 성질이 유리해지고 다음 세대에서는 수컷이 많아지겠지요.

그런데 집단에 '수컷을 많이 낳는 성질이 있는 암컷'이 많아지면, 집단 안에서 수컷의 비율이 늘어나고 암컷은 줄어들게 됩니다. 그러면 짝짓기에 성공하는 수컷이 줄어들어서 '수컷을 많이 낳더라도 자손의 수는 그다지 늘어나지 않는' 상황이 벌어지고 맙니다. 그 결과, 짝짓기만 하면 확실하게 자손을 남길 수 있는 암컷을 낳은 쪽이 더 많은 자손을 남기게 되고, 점차 암컷을 많이 낳는다는 특징이 집단에 퍼져나가게 됩니다.

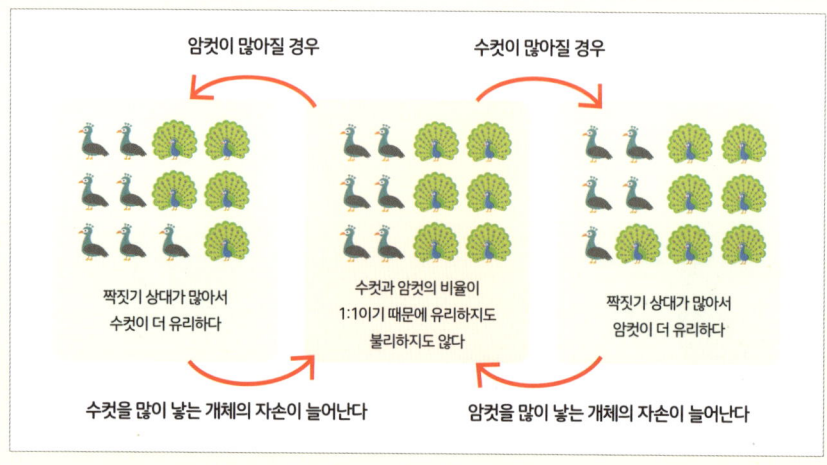

이처럼 집단에 암컷이 많아지면 수컷을 많이 낳는 쪽이, 수컷이 많아지면 암컷을 많이 낳는 쪽이 유리해집니다. 수컷과 암컷의 비율이 1:1을 벗어나게 되면 1:1로 돌아오게끔 자연 선택이 발생하기 때문에, 오랜 시간이 지나면서 **수컷과 암컷의 비율이 딱 절반에 가까운 상태로 정착된 것**입니다.

애초에 생물에게는 왜 성별이 있는 걸까?

애초에 어째서 생물에게는 수컷과 암컷이라는 성별이 있는 걸까요? 굳이 수컷과 암컷으로 나눠 새끼를 낳게 할 바에야 짝짓기를 하지 않고 혼자서 새끼를 낳는 편이 자손을 남기기도 쉬울 텐데요. 하지만 실제로 지구상에서는 성별이 있는 생물이 무척 많습니다. 그렇다면 **성별이 있어야 좋은 이유**가 있다는 뜻이겠지요.

사실 이 문제는 무척이나 어렵기 때문에 아직까지도 토론이 끊이질 않고 있습니다. 지금까지 '성별이 있으면 어떤 장점이 있을까'에 대해서는 많은 사람들이 다양한 가설을 주장했습니다.

예를 들자면, **성별이 있기 때문에 유리한 형질을 조합할 수 있다**라는 설이 있습니다. 어느 곳에 '목이 긴 기린'과 '다리가 빠른 기린'이 있다고 가정해볼까요. 성별이 있어서 부모에게서 특징을 물려받을 수 있다면, 이 두 마리가 짝짓기를 해 '목이 길고 다리도 빠른 기린'이 태어날지도 모릅니다. 또한 **성별이 갖는 장점은 불리한 형질을 쉽게 줄일 수 있다는 것**이라고 보는 사람들도 있습니다. '목은 길지만 다리는 느린 기린'이 있다고 가정하겠습니다. 그 기린이 '다리가 빠른 기린'과 짝짓기하면 '목이 길고 다리도 빠른 기린'이 태어날지도 모릅니다. 자기 혼자서 자손을 늘려나갔다간 이렇게 부모에게서 좋은 점만 물려받은 자손이 태어날 수 없겠지요. 따라서 여러 유리한 특징이 합쳐질 가능성은 점차 줄어듭니다. 불리한 특징이 생겨났을 때도 그대로 남아버리겠지요.

이번 장에서는 동물만을 예로 들었지만 성별이나 성별과 비슷한 구조는 다른 생물에게서도 찾아볼 수 있습니다. 예를 들어, 식물 중에는 동물과 비슷하게 성별이 있는 식물이 많답니다(→제7장).

한편으로 눈에는 보이지 않을 만큼 작은 생물인 세균은 동물과 같은 성별이 없기 때문에, '한 개체가 둘로 나뉘는' 방식으로 숫자를 늘려나갈 수밖에 없습니다. 그래서 동물처럼 부모의 성질이 뒤섞인 자손이 태어나는 일이 없지요. 그럼에도 세균은 밖에서 DNA(→제10장)를 받아들이거나 DNA를 다른 개체들과 주고받을 수 있습니다. 이러한 방식을 통해 몇 가지 유리한 특징을 골라서 받아들이거나 빠르게 진화하는 것으로 보입니다.

chapter 5

수렴진화

선인장이 아닌 것은 무엇일까?

때로는 계통이 전혀 다른 생물인데도 똑같은 형태로 진화하는 경우가 있습니다. 이러한 현상을 '수렴진화'라고 부릅니다. 이번 장에서는 다양한 수렴진화를 소개하겠습니다.

제 5 장

선인장이 아닌 것은 무엇일까?

사막에서 자라고 굵은 줄기에 가시가 뾰족뾰족한 식물이라면 다들 선인장을 가장 먼저 떠올리지 않을까요?※ 이번 장의 첫머리에 나온 ①~④의 사진은 얼핏 보면 모두 선인장 같지만 사실 딱 하나, 다른 식물이 섞여 있습니다. 바로 ①이지요. ①은 등대풀속에 속한 유포르비아 호리다(Euphorbia horrida)라는 식물로, 선인장과는 전혀 다른 계통에서 선인장과 꼭 닮은 형태로 진화한 식물이랍니다.

선인장은 아메리카대륙을 제외하면 거의 자연적으로 자라나지 않지만 등대풀속은 전 세계에 널리 퍼져 있습니다. 등대풀속은 선인장에서 가시가 돋아나는 털처럼 생긴 부분인 '가시자리'가 없다는 점에서 선인장과 구별할 수 있습니다.

등대풀속 식물 중에는 선인장처럼 생기지 않은 것도 많지만, 미국 남부의 건조한 지역에서는 굵은 줄기에 뾰족뾰족한 가시가 돋친 등대풀속 식물을 많이 찾아볼 수 있습니다.

털 같은 것이 자란 빨간 화살표 부분이 바로 가시자리

귀면각

등대풀속에는 가시자리가 없다

유포르비아 호리다

그렇다면 이 식물과 선인장이 비슷한 형태로 진화한 이유는 무엇일까요?

②③④와 같은 선인장의 조상과 ①의 유포르비아 호리다의 조상 모두, 기후가 건조한 환경에서는 수분을 저장할 수 있는 굵은 줄기와 적을 물리칠 수 있는 가시를 갖고 있어야 자손을 더 많이 남길 수 있었기 때문입니다.

다시 말해, **두 계통의 조상이 비슷한 환경에서 살았기 때문에 똑같은 자연 선택을 받았고, 그 결과 비슷한 형태로 진화**한 것입니다. 이처럼 전혀 다른 계통에서 비슷한 특징을 갖게끔 진화가 일어나는 현상을 **수렴진화**라고 부릅니다.

제 5 장 선인장이 아닌 것은 무엇일까?

ANSWER

① 등대풀속 식물인 유포르비아 호리다. 이 식물과 선인장은 수렴진화를 통해 비슷한 생김새로 진화했다.

※ 선인장 중에도 줄기가 가느다란 선인장이나 가시가 잘 보이지 않는 선인장도 있습니다.

다음의 네 동물은 모두 이름에 '게'가 붙지만 딱 한 마리만 진짜 게(단미하목)가 아닙니다. 무엇일까요?

①  무당게

②  대게

③  털게

④  일본거미게

 다들 맛있는 게처럼 보이는데

힌트는 사진에 드러나 있는 다리의 개수야

사실 ① 무당게는 게가 아니라 집게의 친척입니다. 무당게와 게 모두 집게발을 포함해 다섯 쌍, 모두 열 개의 다리가 있지만 무당게는 그중에서 한 쌍의 다리가 배 쪽에 접혀 있어서 보이지 않습니다. 이처럼 다리의 숫자를 잘 살펴보면 진짜 게와 구분할 수 있지요. 무당게와 진짜 게는 생김새가 무척 닮았기 때문에 수렴진화라고 볼 수 있습니다.

QUIZ 1의 정답 ①

헤엄치는 동물의 수렴진화
― 돌고래와 상어가 비슷한 이유는?

 돌고래, 상어, 가오리 중에서 혼자만 다른 것은 무엇일까요?

남방큰돌고래

청상아리

꽁지가오리

  넓적한 생김새로 바다 밑바닥에서 살아가는 ③ 가오리와 달리 ① 남방큰돌고래와 ② 청상아리는 모두 지느러미를 사용해 바닷속을 빠르게 헤엄치는 동물로, 효율적으로 바다를 헤엄치는 데 유리한 유선형 몸체를 갖고 있습니다.

  남방큰돌고래와 청상아리는 얼핏 비슷한 동물처럼 보이지만 사실 이 둘은 진화의 역사를 살펴보면 전혀 다른 동물이랍니다.

  청상아리는 다른 상어나 가오리와 함께 연골어류라는 물고기에 속합니다. 하지만 돌고래가 포함된 고래 무리는 포유류로, 그중에서도 멧돼지나 소, 하마가 포함된 우제류에 속하지요. 고래 무리의 조상은 네 발로 땅 위를 걷는 육상 포유류였습니다. 돌고래와 상어는 비슷하게 생겼지만 수렴진화의 사례인 셈이지요.

| QUIZ 2의 정답 | 상어와 가오리는 연골어류지만 돌고래는 포유류다. 돌고래와 상어가 비슷하게 생긴 이유는 수렴진화 때문이다. |

색깔이 비슷해지는 진화

QUIZ 3 83페이지의 사진처럼 돌고래와 상어는 몸의 색깔이 비슷합니다. 그 이유는 무엇일까요?

돌고래와 상어는 대부분 등 쪽이 회색, 배 쪽이 흰색입니다.

그 외에도 바다 동물을 살펴보면 아래의 사진처럼 다랑어·정어리·꽁치·고등어 같은 물고기나 펭귄같이 등 부분이 어둡고 배 부분이 밝은 동물을 흔히 찾아볼 수 있습니다. **카운터 셰이딩**이라고 불리는 이 형태는 **바닷속을 헤엄칠 때 잘 눈에 띄지 않게 해주는** 역할을 합니다.

등 부분, 다시 말해 위에서 내려다볼 때 주변은 온통 바다색입니다. 그러므로 등이 바다색과 비슷한 어두운 색이면 잘 눈에 띄지 않겠지요.

그렇다면 반대로 배 쪽에서 보면 어떨까요? 아래쪽에서 올려다볼 때는 하늘에서 햇볕이 내리쬐어서 주변이 밝게 보입니다. 그렇기 때문에 배 부분이 밝은 색이면 햇빛에 녹아들기 쉬우므로 잘 눈에 띄지 않게 됩니다.

다랑어속의 일종

황제펭귄

카운터 셰이딩 덕분에 눈에 잘 띄지 않는 개체는 그만큼 자손을 남기기도 쉬웠기 때문에, 많은 바다생물이 수렴진화를 거치며 비슷한 색으로 진화한 것입니다.

> **QUIZ 3의 정답** 돌고래와 상어 모두 바닷속에서 눈에 잘 띄지 않게 해주는 카운터 셰이딩을 갖고 있어야 자손을 남길 가능성이 높아지기 때문이다.

 등 쪽이 어둡고 배 쪽이 밝은 바다 동물이 많은 이유는 그래서였구나!

맞아! 수렴진화를 통해 비슷한 색깔이 된 거지

 돌고래나 상어와 꼭 닮은 멸종 파충류, 어룡

사실 지금은 멸종한 파충류 중에도 네 발로 지상을 걸어 다니던 조상에서 돌고래나 상어와 같은 생김새로 진화해 바다에서 생활했던 동물이 있었습니다. 바로 어룡이지요.

어룡은 약 2억 5000만 년 전에서 9000만 년 전에 걸쳐 번성했던 파충류 무리로, 앞다리·뒷다리·꼬리가 각각 지느러미로 변했습니다. 어룡 역시 돌고래나 상어와 같은 형태로 수렴진화한 결과입니다.

어룡의 복원도

생물은 조상의 특징을 물려받는다

돌고래의 꼬리지느러미가 어룡이나 상어와는 다른 방향인 이유는 무엇일까요?

돌고래: 꼬리지느러미가 가로   어룡: 꼬리지느러미가 세로   상어: 꼬리지느러미가 세로

수렴진화가 일어났다 해도 생김새가 완전히 똑같아지는 것은 아닙니다. 예를 들어, 돌고래와 어룡은 꼬리지느러미의 방향이 다릅니다. 돌고래는 꼬리지느러미가 가로 방향인데 비해 어룡이나 상어는 세로 방향이지요.

사실 이 차이는 어룡과 상어, 돌고래가 헤엄치는 방식의 차이 때문에 생겨났습니다. 꼬리지느러미가 세로 방향일 경우, 몸을 좌우로 움직였을 때 효과적으로 물에 힘이 전달됩니다. 한편 꼬리지느러미가 가로 방향일 경우에는 몸을 위아래로 움직였을 때 물에 힘이 효과적으로 전달되지요. 어룡이나 상어는 몸을 좌우로 움직여서 헤엄치지만 돌고래는 위아래로 움직여서 헤엄칩니다. 각각의 헤엄치는 방식에 맞게 지느러미가 다른 방향으로 진화한 것입니다.

그렇다면 왜 돌고래와 어룡·상어는 헤엄치는 방식이 다른 걸까요? 그 이유는 돌고래·어룡·상어가 각자 조상들의 움직임을 물려받았기 때문입니다.

돌고래가 속한 포유류의 몸은 좌우보다는 위아래로 잘 구부러집니다. 사람도 포유류이기 때문에 좌우보다는 앞뒤로 몸이 더 잘 구부러지지요(사람의 앞뒤 움직임은 다른 포유류의 위아래 움직임에 해당합니다). 돌고래의 조상도 몸은 좌우보다 위아래로 잘 구부러졌기 때문에 가로로 된 지느러미가 헤엄치기에는 더 적합했던 것이지요.

한편 어룡의 조상에 해당하는 파충류나 상어의 조상인 물고기의 경우는 몸이 위아래보다는 좌우로 잘 구부러졌습니다. 그 결과, 몸의 움직임에 맞게 지느러미도 세로 방향으로 진화했습니다.

각 조상들의 특징을 자손들이 고스란히 물려받으면서 진화에도 영향을 미친 셈입니다.

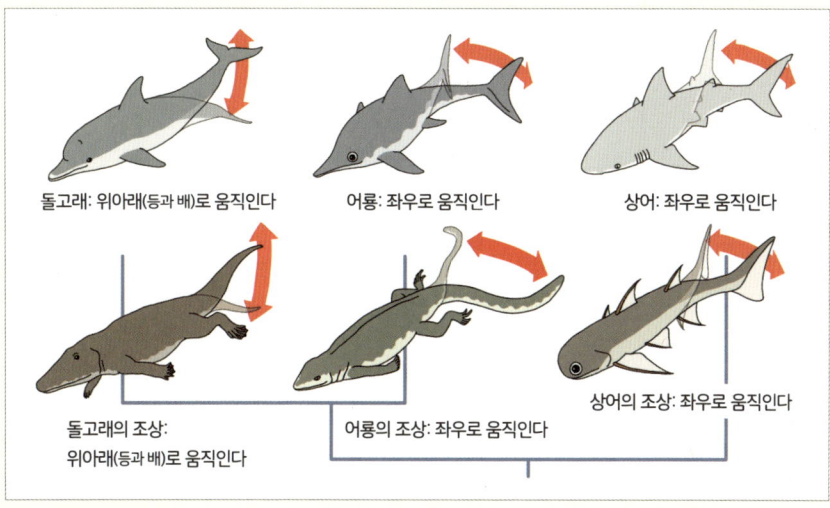

QUIZ 4의 정답 몸이 위아래로 잘 구부러지는 조상에서 진화한 돌고래는 꼬리지느러미가 가로 방향이어야 헤엄치기에 더 유리했다. 반면 몸이 좌우로 잘 구부러지는 조상에서 진화한 어룡이나 상어는 꼬리지느러미가 세로 방향이어야 헤엄치기에 더 유리했다.

 돌고래의 움직임과 사람의 움직임이 서로 관련이 있다니, 처음 알았네!

생김새는 다르지만 같은 조상의 특징을 물려받았기 때문이야

서로 다른데도 꼭 닮은 모습으로 진화한 포유류

수렴진화가 아주 많이 일어난 재미있는 사례로는 포유류를 꼽을 수 있습니다. 지금의 포유류를 크게 나누면 **태반류, 유대류, 단공류**라는 세 가지 그룹으로 나눌 수 있습니다.

태반류는 셋 중에서 가장 종류가 다양한 그룹입니다. 우리 사람도 여기에 속해 있기 때문에 태반이라는 기관을 갖고 있지요.

한편 유대류는 캥거루나 코알라 등이 속한 그룹입니다. 발달된 태반이 없기 때문에 대부분 육아낭이라고 불리는 주머니 속에서 새끼를 기릅니다.

유대류는 태반류가 번성하기 전에 다양한 대륙에서 크게 번성했던 것으로 보입니다. 유대류가 널리 분포되어 있었을 때의 지구는 남아메리카대륙, 남극대륙, 오스트레일리아대륙이 이어져 있었기 때문에 모든 지역에 유대류가 살고 있었지요. 하지만 이후로 대륙이 움직이면서 오스트레일리아대륙은 다른 대륙에서 떨어져 나왔습니다.

대륙이 따로 떨어진 후, 오스트레일리아대륙 밖에서는 태반류가 번성하기 시작했습니다. 태반류는 유대류와 경쟁했고, 결과적으로는 대부분의 유대류가 멸종하고 말았지요.

하지만 바다에 가로막혀 있던 오스트레일리아대륙에서는 태반류가 거의 넘어오지 못했기 때문에 다양한 유대류가 살아남았습니다. 결과적으로 현재는 대부분의 유대류가 오스트레일리아대륙에서만 살아가고 있으며 다양한 환경에 적응한 유대류의 모습을 찾아볼 수 있습니다.

태반류와 유대류를 살펴보면 서로 모습이 비슷한 동물이 있습니다. 오른쪽 사진처럼 늑대와 꼭 닮은 주머니늑대, 하늘다람쥐와 꼭 닮은 유대하늘다람쥐, 황금두더지나 두더지와 꼭 닮은 주머니두더지 등, 수많은 사례를 찾아볼 수 있지요.

태반류인 늑대는 대형 육식동물이고, 하늘다람쥐는 나무와 나무 사이를 날아다니며, 황금두더지나 두더지는 땅속에 구멍을 파고 살아가는 동물입니다. 하지만 이들과 비슷하게 생긴 유대류들도 각자 비슷한 생태적 지위(→제3장)를 차지했습니다. **태반류와 유대류는**

다른 계통의 포유류지만 비슷한 생태적 지위를 차지한 동물들끼리는 수렴진화를 통해 놀라우리만치 생김새가 비슷해진 것입니다.

태반류	유대류
 늑대	 주머니늑대
 미국하늘다람쥐	 유대하늘다람쥐
 그랜트황금두더지	 주머니두더지
 남부작은개미핥기	 주머니개미핥기
 작은이집트뛰는쥐	 주머니뛰는쥐

제 5 장 선인장이 아닌 것은 무엇일까?

chapter 6

제 6 장

상동

새의 날개, 나비의 날개, 사람의 팔 중에서 구조가 가장 비슷한 것은 무엇일까?

제5장에서는 서로 다른 조상에서 진화했지만 꼭 닮은 생물을 살펴봤습니다. 반대로 같은 조상에서 진화했지만 전혀 다른 모습으로 변하는 경우도 있지요. 이번 장에서는 진화의 역사에 대해서 생각하며 생물의 기관을 비교해보겠습니다.

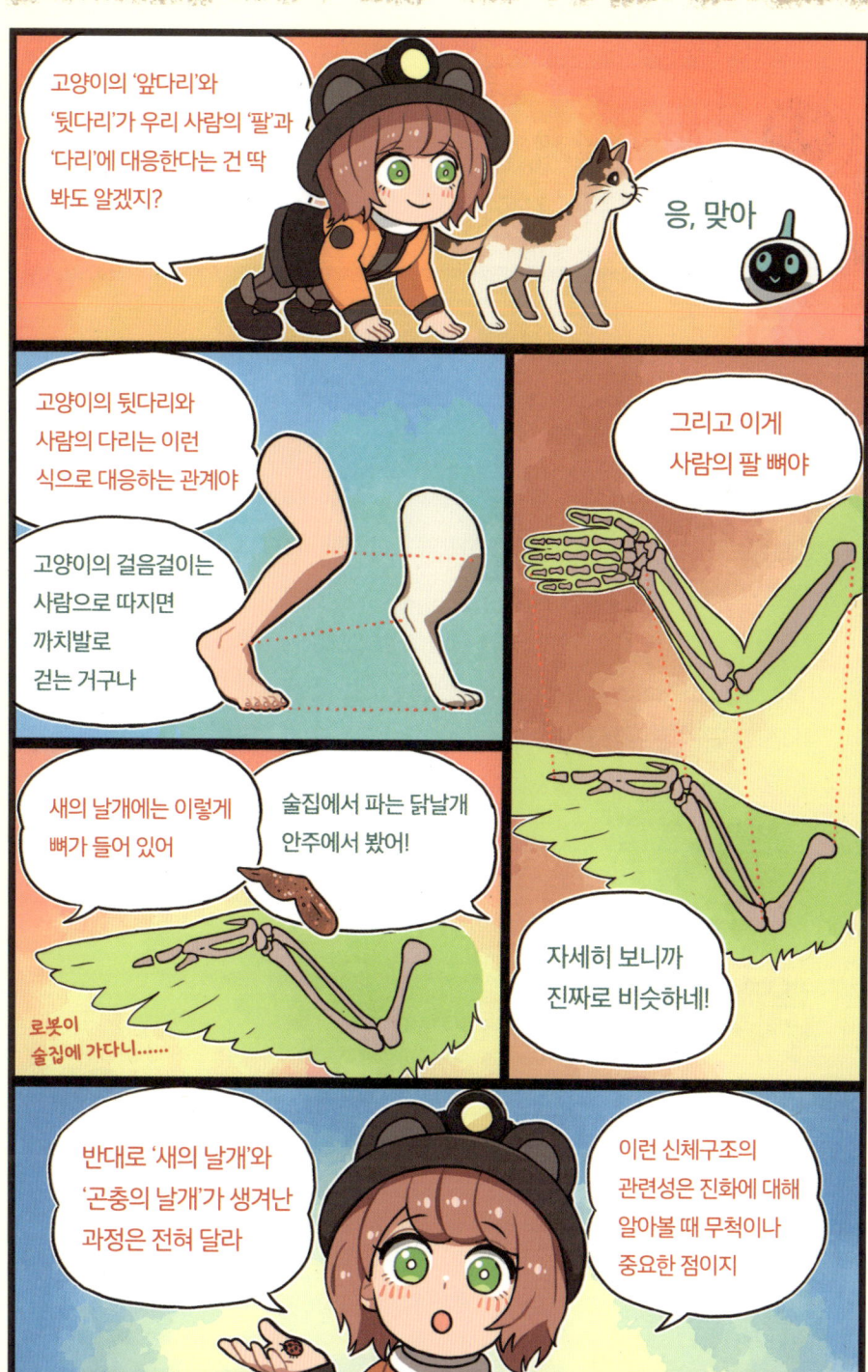

제6장 새의 날개, 나비의 날개, 사람의 팔 중에서 구조가 비슷한 것은 무엇일까?

새는 날개를 써서 하늘을 납니다. 하늘을 나는 포유류인 박쥐에게도 날개가 있고, 곤충인 나비도 날개를 써서 하늘을 날아다니지요. 하늘을 나는 데 사용하는 기관은 언뜻 모두 비슷해 보입니다.

한편 우리 사람의 몸에는 하늘을 나는 데 쓰이는 기관이 없습니다. 그런데 사실 진화의 역사를 되짚어보면 나비의 날개보다도 사람의 팔이 새나 박쥐의 날개에 더 가까운 기관이랍니다. 이게 대체 무슨 뜻일까요?

그 사실을 이해하기 위해 우선 **상동**에 대해 설명하겠습니다. 상동은 서로 같다는 뜻으로, **상동기관이란 지금은 그 형태가 다르지만 조상 때는 같았던 기관**을 말합니다.※

새와 사람 모두 척추동물 중에서도 네발동물에 속해 있습니다. 네발동물은 이름에서 알 수 있듯이 조상이 다리가 네 개 있었던 동물로, 새의 날개와 사람의 팔은 모두 조상이었던 동물의 앞다리에서 유래하는 기관입니다. 다시 말해, 새의 날개와 사람의 팔은 상동기관인 셈이지요. 다음 페이지의 그림을 보면 네발동물의 앞다리에서 유래한 기관에는 모두 대응하는 뼈가 있다는 사실을 알 수 있습니다.

 얼핏 보면 다르게 생겼지만 뼈를 보면 이해하기 쉬워

 응, 바로 알겠어!

ANSWER

새의 날개와 사람의 팔. 상동기관이기 때문에 구조가 비슷하다.

※ 이 책에서는 계통적 상동(같은 조상에서 유래한 기관들이 비슷한 형태나 구조를 띠는 것. 이와는 반대로 조상은 다르지만 비슷한 조건, 환경을 거치며 신체 기관의 형태나 구조가 비슷해진 경우는 진화적 상동이라고 한다-옮긴이)에 대해서만 다루고 있습니다.

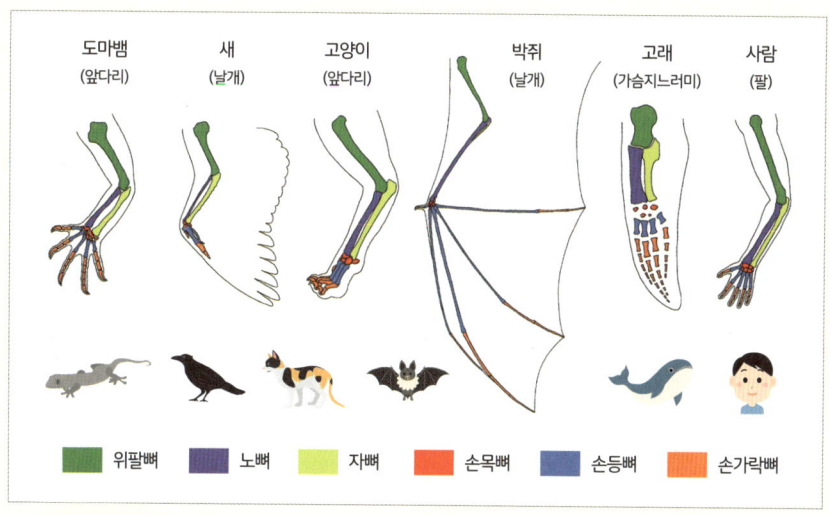

같은 '날개'라도 나비와 새의 날개는 기원이 다르다

 나비의 날개와 새의 날개가 비슷한 이유는 어째서일까요?

나비는 절지동물 중에서도 곤충류에 속하며, 나비의 날개는 새나 박쥐의 날개와는 전혀 다른 기관에서 진화한 부분입니다. 따라서 나비의 날개와 새의 날개는 상동기관이 아닙니다.

하지만 나비의 날개와 새의 날개는 하늘을 나는 데 필요한 힘을 발생시키는 기관이기 때문에 넓적하게 생겼다는 점에서는 꼭 닮았지요.

이처럼 서로 다른 계통에서 기능이나 생김새가 비슷한 기관이 생겨나는 진화가 일어났으므로 나비의 날개와 새의 날개는 수렴진화의 결과라고 볼 수 있습니다(→제5장).

QUIZ 1의 정답 수렴진화에 따라 서로 다른 기관이 하늘을 나는 데 쓰이는 비슷한 형태의 기관으로 진화했기 때문에.

파충류의 턱뼈와 사람의 귀 뼈 사이의 놀라운 관계

새의 날개와 사람의 팔 사이의 상동성은 두 뼈를 비교해보면 바로 고개가 끄덕여질 정도로 확실히 알 수 있습니다. 하지만 모든 사례가 이처럼 이해하기 쉬운 건 아니랍니다.

그렇다면 A라는 생물의 기관과 B라는 생물의 기관이 상동인지 아닌지는 어떻게 알아보면 좋을까요? 여기서는 이소골이라는 뼈를 예로 들어서 설명하겠습니다.

우리 사람을 포함한 포유류의 귓속에 있는 가운데귀(중이)라는 부분에는 망치뼈, 모루뼈, 등자뼈라는 세 개의 뼈가 있습니다. 이 뼈들은 이소골이라 하는데, 소리에 따른 고막의 진동을 귀 안쪽으로 전달하는 역할을 합니다.

이 이소골 중에서 망치뼈와 모루뼈는 놀랍게도 파충류의 턱뼈를 구성하는 뼈와 상동기관입니다.

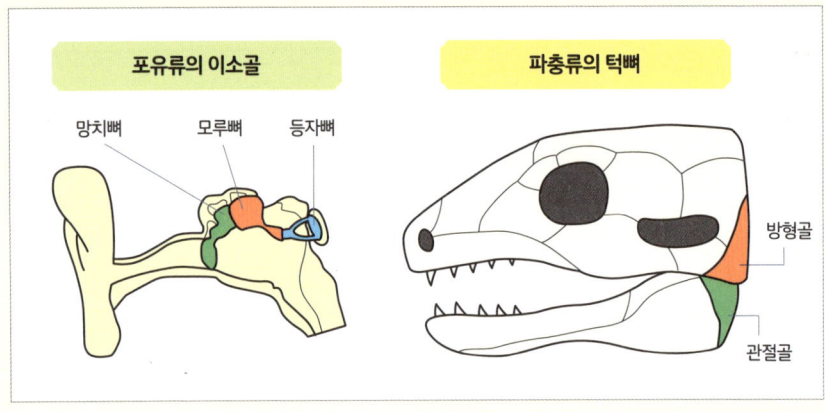

※ 등자뼈와 상동인 이소주는 이 그림에는 나타나 있지 않습니다.

이소골과 턱뼈처럼 전혀 닮은 점이 없는 두 뼈가 상동이라는 사실을 증명하는 데에는 몇 가지 방법이 있습니다.

① 형태 관찰

가장 쉬운 방법은 **생김새를 관찰하는 것**입니다. 새의 날개와 사람의 팔을 비교했을 때와 마찬가지로 각 부위별로 이음매를 살펴보거나 신경이나 근육 등 주변 기관과의 위치 관계를 관찰해보면 상동성에 대한 실마리를 얻을 수 있지요.

포유류의 이소골과 파충류 등의 턱뼈를 구성하는 뼈의 생김새는 얼핏 보면 전혀 닮지 않았지만 뼈가 붙어 있는 형태가 같습니다.

② 발생 과정

발생이란 수정란이라는 한 개의 세포에서 그 생물의 형태가 만들어지는 과정을 말합니다. **발생 과정을 살펴보면 상동성에 대한 큰 실마리를 얻을 수 있지요.**

포유류의 발생 과정과 다른 척추동물의 발생 과정을 비교해보면 이소골의 망치뼈는 파충류 등의 턱관절을 이루는 관절골과 비슷한 부분에서 만들어진다는 사실을 알 수 있습니다. 이러한 점을 통해 망치뼈와 관절골이 상동임을 알 수 있습니다.

③ 화석

화석은 상동성에 대한 직접적인 정보를 간직하고 있습니다.

다양한 시대를 살았던 포유류의 조상의 화석을 비교해보면 처음에는 턱뼈를 이루고 있었던 관절골과 방형골이 시간이 흐르며 점점 귀 안으로 이동해 망치뼈와 모루뼈로 변해가는 과정을 살펴볼 수 있습니다.

이처럼 여러 증거를 맞춰보면 이소골과 턱뼈처럼 얼핏 전혀 다르게 생긴 기관들이라 해도 상동인지 아닌지를 확인할 수 있습니다. 턱뼈를 이루고 있던 뼈가 귓속에서 소리를 전하는 뼈로 변하다니, 진화란 정말 굉장하지요!

칼럼

새의 날개와 박쥐의 날개는
기원이 같은 걸까? 아니면 수렴진화의 결과일까?

상동성(상동한 성질)에 대해 조금만 더 살펴보겠습니다.

새의 날개와 박쥐의 날개는 모두 '네발동물의 앞다리에서 유래한다'는 점에서 보자면 상동기관입니다.

하지만 한편으로 새와 박쥐는 하늘을 날지 못하는 서로 다른 조상에서 진화했지요. 날개를 가진 똑같은 조상에서 진화한 동물이 아닙니다. 그렇게 생각하면 새의 날개와 박쥐의 날개는 상동이 아니라 수렴진화를 통해 생김새가 비슷해진 결과라고 볼 수 있습니다. 실제로 새의 날개와 박쥐의 날개는 네발동물의 앞다리로 본다면 구조가 같지만, 하늘을 날 때 사용하는 날개로서 비교해보면 구조가 다릅니다.

이처럼 **'어떤 기관들이 상동인지 아닌지'는** 어떤 점에 주목하느냐에 따라 달라지는, **상대적인 것**이라고 할 수 있습니다.

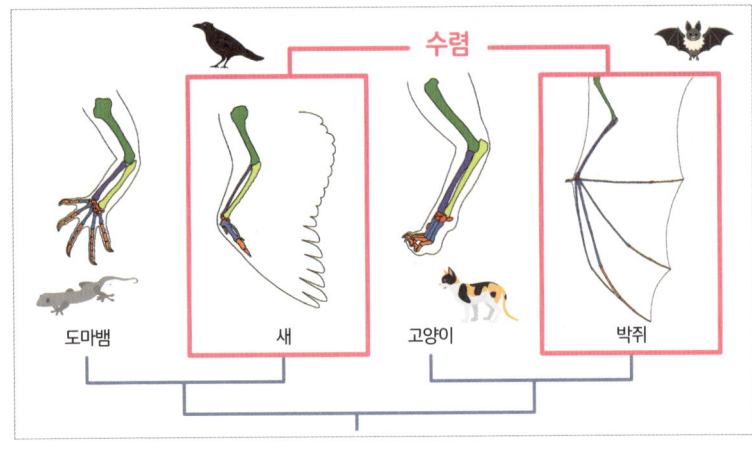

칼럼

사람은 어머니의 배 속에서 진화를 되풀이한다?

'개체 발생은 계통 발생을 반복한다'

혹시 이 말을 들어본 적이 있으신가요. 개체 발생은 수정란에서 그 생물의 형태가 만들어지는 과정(발생 과정)을 말합니다. 한편 계통 발생이란 생물이 진화함에 따라 형태를 바꿔나가는 과정(진화 과정)을 가리키지요.

'개체 발생은 계통 발생을 반복한다'라는 말은 '수정란에서 그 생물의 형태가 만들어지는 과정은 그 생물이 걸어온 진화의 역사를 반복하는 것'이라는 주장입니다. 이러한 이론을 **반복설**이라고 합니다.

반복설을 따르자면 우리는 어머니의 배 속에서 조상인 물고기나 원숭이 등의 생김새를 거쳐 왔다는 말이 됩니다. 정말일까요?

지금까지 **반복설에 대해서는 다양한 반대 의견이 나왔으며, 지금의 진화생물학이나 발생학에서도 이 설을 있는 그대로 받아들이지는 않습니다.**

하지만 한편으로 발생 과정과 진화 과정 사이에는 깊은 관계가 있는 것도 사실입니다. 진화 과정에서 생물의 생김새가 변한다는 것은 발생 과정에서도 변화가 일어난다는 말이니 **발생 과정에는 진화에 관한 수많은 정보가 포함되어 있는 셈이지요.**

이번 장에서도 설명했듯이 A라는 생물의 어떤 기관과 B라는 생물의 어떤 기관이 발생 과정 중 같은 부분에서 만들어질 경우, 두 기관은 상동일 확률이 대단히 높습니다. 발생 과정과 진화 과정 사이의 관계를 연구하는 분야를 **진화발생생물학(이보디보)**이라 하며, 왕성하게 연구가 진행되고 있답니다.

chapter 7

제 7 장

서로 다른 종 사이의 관계와 진화

꽃에 달콤한 꿀이 있는 이유는 무엇일까?

꽃에 맺히는 달콤한 꿀은 식물과 동물과의 관계 속에서 진화를 통해 생겨난 특징입니다. 대부분의 생물은 서로 깊은 관계를 맺으며 살아가는데, 때로는 이 관계가 재미있는 진화를 이끌어내기도 하지요. 이번 장에서는 다른 생물과의 관계 속에서 일어나는 진화를 소개하겠습니다.

제 7 장

꽃에 달콤한 꿀이 있는 이유는 무엇일까?

속씨식물의 꽃은 번식에 사용되는 기관입니다. 수술에서 만들어진 꽃가루가 암술의 암술머리에 묻으면 가루받이가 일어납니다. 가루받이가 일어나면 씨앗이 생겨나고, 그 씨앗에서 다음 세대의 식물이 자라나게 되지요.

하지만 대부분의 꽃가루는 암술까지 다다르지 못한 채 흩어져버리고 맙니다. 엉뚱한 곳에 떨어지거나 곤충의 먹이가 되었다간 가루받이에 성공할 수 없겠지요. 또한 다른 종의 암술에 묻었을 때 역시 가루받이는 일어나지 않기 때문에 자손을 남기지 못합니다. 식물은 더 많은 꽃가루가 가루받이에 성공할수록 더 많은 씨앗, 다시 말해 자손을 남길 수 있기 때문에 <mark>효율적으로 가루받이를 할 수 있게끔 진화</mark>했습니다.

몇몇 종자식물은 진화를 통해 동물이 가루받이를 돕게 하는 특징이 생겨났습니다. 예를 들어, 꿀벌이나 나비, 박쥐 같은 동물이 꽃을 찾아오면 그 동물의 몸에 수술의 꽃가루가 묻겠지요. 그리고 그 동물이 다시 같은 종의 꽃을 찾아갔을 때 몸에 묻어 있던 꽃가루가 암술의 암술머리에 묻으면서 가루받이가 일어납니다.

이처럼 꽃가루를 나르는 동물을 <mark>꽃가루 매개자</mark>라고 부릅니다. <mark>대부분의 속씨식물은 달콤한 꿀 등의 대가를 준비해서 영양이 넘치는 꿀을 찾아 온 꽃가루 매개자들을 효율적으로 끌어들입니다.</mark> 이렇게 식물이 만들어놓은 꿀을 꿀벌이 모아놓은 것이 바로 벌꿀이지요.

꽃가루 매개자가 되어주는 동물은 벌이나 나비, 파리, 딱정벌레 같은 곤충을 비롯해 조류, 박쥐나 원숭이 같은 포유류나 파충류까지 다양합니다. 이러한 매개자들은 몸의 크기나 활동하는 장소나 시간대, 보이는 색깔, 맡을 수 있는 냄새 등, 저마다 다른 특성이 있습니다. 따라서 일부 식물은 더 확실하게 가루받이에 성공할 수 있도록 특정한 매개자가 쉽게 발견할 수 있는 색이나 생김새, 냄새를 띠는 꽃을 피우게끔 진화했습니다.

꽃을 찾아온 나비

꽃을 찾아온 박쥐

ANSWER
달콤한 꿀을 만들어내는 꽃에는 많은 동물이 찾아오는 만큼 효율적으로 가루받이가 일어나게 되고, 그만큼 많은 자손을 남길 수 있기 때문이다.

서로가 없으면 번식할 수 없는 무화과나무와 무화과좀벌

꽃과 꽃가루 매개자의 관계가 한층 더 가까워지면 과연 무슨 일이 일어날까요? 결과적으로 '**서로가 없으면 모두 살아갈 수 없는**' 단계까지 진행되는 경우가 있습니다. 이러한 관계를 **절대 공생**이라고 합니다.

절대 공생의 예로는 무화과류와 무화과좀벌이 있습니다. 무화과나무는 꽃주머니(화낭)이라 불리는 주머니 안쪽에 작은 꽃이 빼곡하게 피어납니다. 매우 구조가 특이하지요.

꽃이 안쪽에 있으면 대부분의 곤충은 꽃에 다가올 수 없지 않을까?

좋은 지적이야. 바로 그게 절대공생에는 중요한 점이지

가루받이를 할 시기가 되면 무화과나무는 매개자인 무화과좀벌을 유인하는 물질을 만들어냅니다. 이 물질에 이끌린 암컷 무화과좀벌은 좁은 입구에 몸을 욱여넣어서 꽃주머니 안으로 비집고 들어갑니다.

꽃주머니 안에는 씨앗의 바탕이 되는 부분인 밑씨가 무척이나 많습니다. 꽃주머니에 들어간 암컷은 밑씨의 일부에 알을 낳지요. 벌이 알을 낳아놓은 꽃은 부풀어 올라 벌레혹이라는 구조로 변하고, 애벌레는 벌레혹 안쪽을 파먹으며 자라납니다. 한편 무화과나무는 암컷 무화과좀벌이 나고 자란 꽃주머니에서 묻혀온 꽃가루를 통해 가루받이를 한답니다.

무화과류의 꽃주머니   꽃주머니를 반으로 가른 모습

무화과나무의 꽃가루 매개자는 오로지 무화과좀벌뿐입니다. 무화과나무는 씨앗이 되어줄 밑씨의 일부가 벌레혹으로 변해버린다는 점에서는 손해지만, 그 대신 무화과좀벌이 꽃가루를 옮겨준다는 점에서 이득을 보지요. 또한 무화과좀벌로서도 알을 낳을 장소와 애벌레의 먹이를 얻을 수 있습니다. 무화과나무는 무화과좀벌이 없으면 가루받이를 할 수 없고, 무화과좀벌은 무화과나무가 없으면 새끼를 낳고 기를 수 없는 셈이지요. 이처럼 무화과나무와 무화과좀벌은 서로가 없으면 번식하지 못하는 밀접한 관계를 이루고 있습니다.

무화과류는 전 세계에 수백 종이 있다고 알려져 있는데 대부분 저마다 정해진 종의 무화과좀벌류와 함께 살아가고 있습니다. 이러한 절대 공생 관계를 맺고 있는 식물과 꽃가루 매개자로는 그 외에도 유카(용설란과에 속한 나무-옮긴이)류와 유카나방류, 잎꽃나무류와 가는나방류 등이 알려져 있습니다. 이러한 사례에서도 한 종의 식물에 한 종의 곤충이 공생하는 생태를 찾아볼 수 있지요.

칼럼

의도하지 않아도 진화는 일어난다

동물이 꽃가루를 옮겨주는 현상에 관해서는 종종 '동물에게 꽃가루를 옮기게 한다'거나 '곤충을 끌어들인다'라는 표현이 눈에 띕니다. 하지만 식물이 의도적으로 자신의 생김새나 향기를 정한다고 보기는 어려우며, 꽃가루 매개자 역시 '꿀을 줬으니 대신 꽃가루를 옮겨줄게'라고 생각해서 행동한다고 보기는 어렵습니다.

제3장에서 설명했듯이 생물 진화의 과정을 정확하게 표현하자면 내용이 길어질 수밖에 없습니다. 특히 가루받이처럼 여러 생물이 밀접하게 관여하는 과정은 대단히 복잡하기 때문에 진화생물학적으로 정확하게 설명하려면 무척 길고 복잡하게 글을 써야 하지요.

'꽃에 달콤한 꿀이 있는 이유는 무엇일까?'라는 물음에는 앞서 답을 드렸지만 자꾸 의인화해서 '벌레를 끌어들여 꽃가루를 옮기게 하기 위해'라고 쉽게 설명하고 싶어집니다.

이렇게 표현하면 언뜻 이해하기 쉬워 보이지만 이래서는 마치 식물이 의도적으로 달콤한 꿀을 만들어내는 듯한 인상을 주게 됩니다. 하지만 실제로 진화는 의도하지 않아도 일어나는 현상입니다.

식물과 꽃가루 매개자의 관계에 대해 '신경도 없는 식물이 벌레가 무엇을 좋아하는지 어떻게 아는 걸까?', '식물과 벌레가 서로를 위해 일하다니 굉장해!'라고 생각했던 사람도 있을 텐데, 바로 이러한 오해에서 비롯된 생각이랍니다.

꽃가루의 매개와 관련된 동식물의 특징이 진화하기 위해 식물이 동물을 잘 알아야 할 필요는 없습니다. 물론 동물이 식물을 배려해야 할 필요도 없지요. 식물과 꽃가루 매개자의 진화는 '세대를 거치면서 더 많은 자손을 남길 수 있는 특징을 가진 개체가 늘어난다'라는 자연 선택만으로도 간단히 설명할 수 있습니다.

칼럼

다윈의 예언

▲ 앙그래쿰 세스퀴페달레의 꿀주머니

▲ 크산토판박각시나방

서인도양에 떠 있는 마다가스카르섬의 숲에는 앙그래쿰 세스퀴페달레(Angraecum sesquipedale)라는 난초과 식물이 있습니다. 자세히 보면 꽃 뒤쪽으로 뭔가 가느다란 것이 늘어져 있지요.

이것은 꽃잎의 일부가 모습을 바꾼 가늘고 긴 꿀주머니라는 기관으로, 끝부분에는 달콤한 꿀이 고여 있습니다.

앙그래쿰 세스퀴페달레는 다윈난(다윈의 난초)이라는 또 다른 이름으로도 불린답니다. 다윈이 이 난초의 독특한 생김새를 연구한 데에서 유래한 이름이지요. 왜냐하면 당시 마다가스카르섬에서는 앙그래쿰 세스퀴페달레의 꿀주머니와 주둥이의 길이가 같은 곤충이 발견되지 않았기 때문입니다. 하지만 다윈은 "이 섬에는 분명 이 꽃의 꿀을 빨아먹을 수 있을 만큼 주둥이가 긴 나방이 있을 것이다"라고 예언했답니다.

그리고 다윈이 죽은 후, 다윈이 예언한 지 41년이 지나 마다가스카르섬에서 주둥이가 긴 크산토판박각시나방이 발견되었습니다. 꽃과 곤충의 관계를 깊게 이해하고 있던 다윈이었기에 할 수 있었던 예언이지요.

우리의 세포 속에 있는 '또 다른 세포'의 흔적이란?

앞서 무화과나무와 무화과좀벌의 절대 공생에 대해 설명했습니다. 그런데 사실은 우리 몸 안에도 절대 공생의 산물이 있습니다.

우리 사람의 몸은 수없이 많고 작은 세포가 모여서 이뤄져 있는데, 그 숫자는 수십조 개나 된다고 하지요. 그리고 각각의 세포 안에는 **미토콘드리아**라는 더욱 작은 물질이 수백 개나 들어 있습니다.

미토콘드리아는 효소를 이용해 당이나 지질 등을 분해해서 우리 몸이 사용할 수 있는 에너지를 만들어내는 무척이나 중요한 역할을 합니다. 미토콘드리아가 없을 때보다 같은 양의 당이나 지질에서 훨씬 많은 에너지를 뽑아낼 수 있지요.

아주 적은 예외를 제외하면 동물이나 버섯, 식물 등을 포함한 진핵생물은 모두 미토콘드리아를 갖고 있습니다. 그런데 사실 미토콘드리아는 원래 독립적으로 살아가던 세균이었습니다. 그러다 어느 날 이 세균의 일종을 우리 조상의 세포가 삼켰고, 그대로 **'세포 안에서 살아가는 또 다른 작은 세포'로 변한 것이 바로 미토콘드리아의 기원**으로 알려져 있지요. 이것을 **세포 내 공생설**이라고 부릅니다.

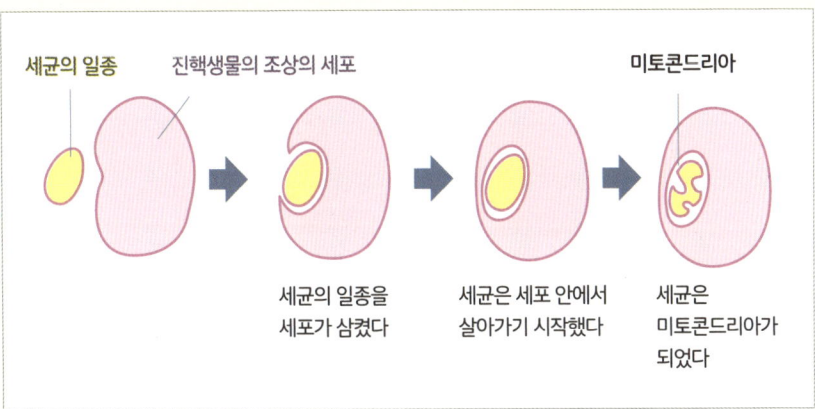

제 7 장 꽃에 달콤한 꿀이 있는 이유는 무엇일까?

미토콘드리아에는 독립적으로 살아가던 시절의 흔적이 아직까지 남아 있지만 더 이상 사람의 세포 밖으로 나와서는 살아가지 못합니다. 우리도 미토콘드리아 없이는 살아갈 수 없지요.

식물의 세포는 미토콘드리아뿐 아니라 **엽록체**라 불리는 물질도 갖고 있습니다. 엽록체는 태양빛의 에너지를 사용해서 이산화탄소에서 당을 만들어내는 **광합성**을 통해 식물이 살아가는 데 필요한 에너지를 공급합니다. **엽록체의 기원 역시 미토콘드리아와 마찬가지로 광합성을 하는 미생물을 식물의 세포가 삼키면서 공생하게 된 것**으로 생각됩니다.

기생한 상대방의 행동을 '조종'하는 기생충

QUIZ 1

연가시가 기생하는 곤충은 물에 뛰어든다고 알려져 있습니다. 왜 물에 뛰어드는 걸까요?

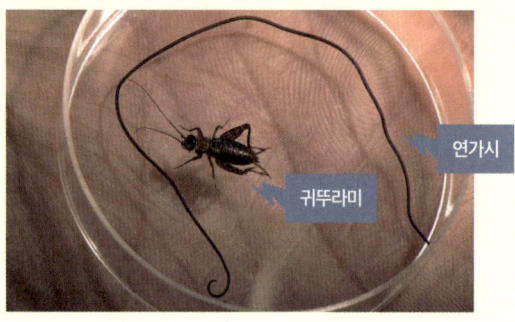

긴 바늘처럼 생긴 연가시는 유선형동물이라는 그룹에 속해 있으며 귀뚜라미나 꼽등이, 메뚜기 등의 곤충에 기생합니다.

보통 귀뚜라미나 꼽등이 같은 곤충은 저 스스로 물에 다가가지 않지만, 곤충의 몸 안으로 들어간 연가시는 자신이 기생한 곤충(숙주)의 행동에 영향을 끼쳐서 결과적으로 물에 뛰어들게 합니다.

곤충이 물에 뛰어들면 연가시는 곤충의 몸 안에서 슬금슬금 기어 나와 물속에서 짝짓기 상대와 만나 짝짓기를 합니다. 기생당해서 물에 뛰어든 곤충은 물고기에게 잡아먹히니 곤충에게는 그야말로 손해일 뿐이지요.

이렇게 연가시가 곤충의 행동을 '조종'하는 성질이 진화한 것은 곤충이 물에 뛰어들어야 더 효과적으로 짝짓기를 할 수 있으며 자손을 남기기 쉽기 때문입니다.

이처럼 **기생 생활을 하는 생물들은 기생당하는 생물과 깊게 연관된 특징이나 생태를 손에 넣었습니다.**

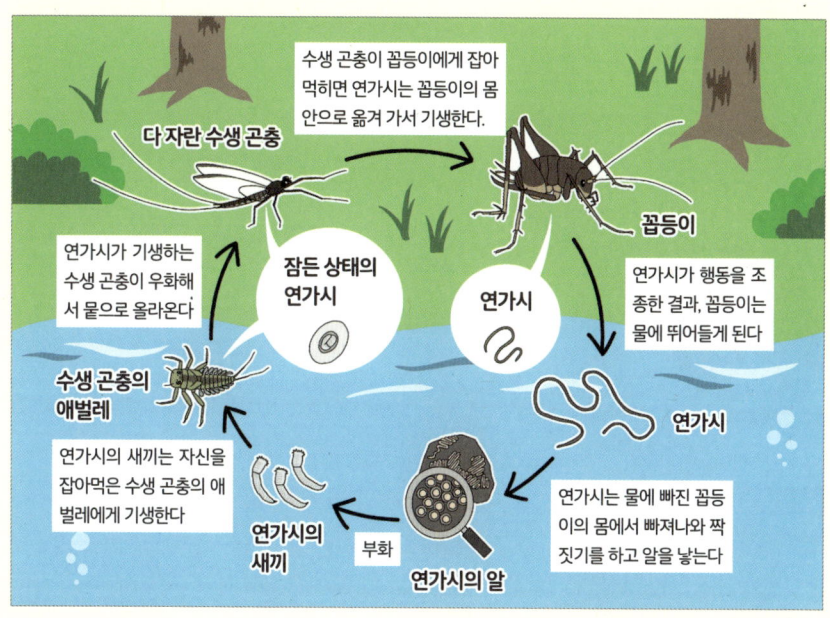

QUIZ 1의 정답 기생한 연가시가 곤충의 행동에 영향을 끼쳐서 결과적으로 물에 뛰어들게 하므로.

칼럼

연가시가 숲과 강의 생태계를 이어준다?

연가시는 생태계 전체에서도 중요한 역할을 맡고 있습니다. 어떤 강에서는 가을철 약 3개월 동안 연가시가 기생하는 꼽등이가 연달아 강에 뛰어들기 때문에 민물고기의 먹이 대부분을 꼽등이가 차지하고 있습니다.

그래서 시험 삼아 꼽등이들이 강물에 뛰어들지 못하게 막았더니 강에 사는 물고기들은 꼽등이 대신 강바닥에서 낙엽을 분해하는 곤충(분해자)을 주로 잡아먹기 시작했고, 분해자가 줄어들었기 때문에 낙엽이 분해되는 속도도 함께 느려진다는 사실이 밝혀졌지요. 사실 연가시는 기생을 통해 숲과 강의 생태계를 이어주는 중요한 생물이기도 한 것입니다.

'오른손잡이'인 물고기와 '왼손잡이'인 물고기 중에서 자손을 남기기 쉬운 쪽은?

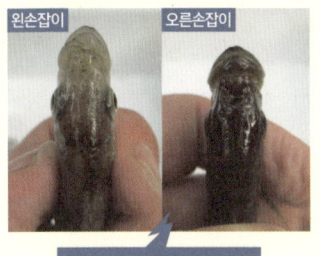

왼손잡이 　 오른손잡이

↑ 페리소두스 미크로레피스

아프리카에 있는 페리소두스 미크로레피스(Perissodus microlepis)라는 물고기는 다른 물고기의 비늘을 먹는다고 알려져 있습니다. 이 물고기가 다른 물고기의 비늘을 먹을 때면 그 물고기의 왼쪽이나 오른쪽으로 다가가서 비늘을 벗겨내는데, 여기에 알맞게 왼쪽과 오른쪽 중 어느 한 쪽으로 주둥이가 쏠려 있습니다.

　비늘을 뜯기는 물고기는 자주 공격받는 부분에 주의를 기울이기 때문에 오른쪽 비늘을 뜯어먹는 '오른손잡이' 개체가 많을 때는 왼쪽 비늘을 뜯어먹는 '왼손잡이'가 먹이를 구하기 쉬워지고 적응도가 높아집니다. 좌우가 반대일 경우에도 마찬가지지요.

　이처럼 둘 이상의 형질(여기서는 '오른손잡이'와 '왼손잡이')가 있을 때, 그 비율에 따라 유리한 형질이 바뀌기도 합니다. 이러한 자연 선택을 **빈도 의존적 선택**이라고 합니다. 제3장에서 나온 회색가지나방의 사례에서는 환경에 따라 적응적인 형질이 달라졌지요. 페리소두스 미크로레피스는 입 모양의 비율이 '어느 형질이 더 유리한지'를 정해주는 '환경'이 되는 재미있는 사례랍니다.

　이러한 사례처럼 빈도가 적은 쪽이 적응도가 높아지는 경우를 **음성 빈도 의존 선택**이라고 합니다. 음성 빈도 의존 선택이 일어날 때는 무리 안에 둘 이상의 형질이 존재하는 상태가 유지되기 쉽고, 그 비율이 높아지거나 낮아지는 경우가 반복되기도 합니다.

　실제로 페리소두스 미크로레피스의 사례에서도 '오른손잡이'가 많아지면 그 덕분에 유리해진 '왼손잡이'가 늘어나게 되고, 그 결과 '왼손잡이'의 비율이 높아지면 이번에는 다시 '오른손잡이'가 늘어나기 시작하는 현상이 반복됩니다.

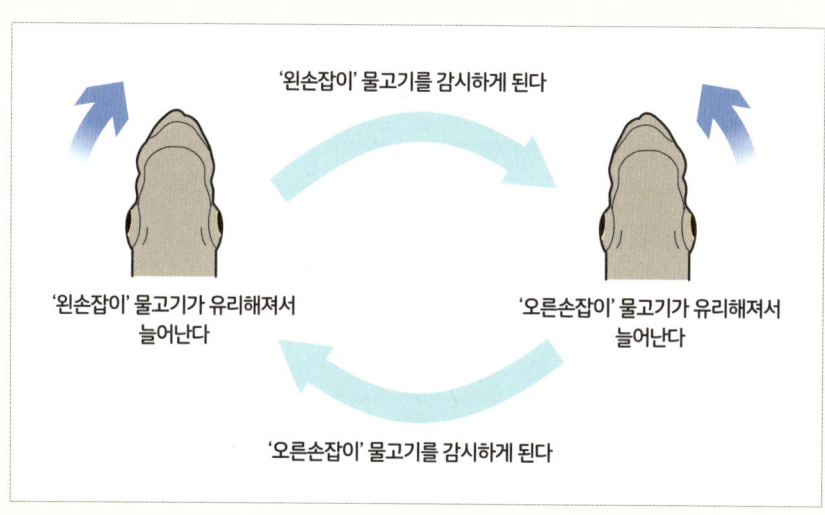

달팽이 껍질은 왜 모두 오른쪽으로 말려 있는 걸까?

달팽이는 우리 주변에서 흔히 볼 수 있습니다. 사실 달팽이를 자세히 보면 대부분의 달팽이는 껍질이 오른쪽으로 말려 있고 왼쪽으로 말린 달팽이는 좀처럼 찾아보기 어렵습니다. 그 이유는 무엇일까요?

앞서 비늘을 먹는 물고기의 사례와는 반대로 빈도가 높은 쪽이 적응도가 높아지는 경우를 **양성 빈도 의존 선택**이라고 합니다. 달팽이의 껍질은 좌우의 생김새가 다른데, 껍질이 왼쪽으로 말린 달팽이와 오른쪽으로 말린 달팽이가 있지만 **껍질이 말린 방향이 서로 다르면 짝짓기를 제대로 할 수 없습니다.** 그래서 숫자가 적은 개체는 숫자가 많은 개체보다 짝짓기 상대를 찾기 어려워지기 때문에 적응도가 낮아집니다. 양성 빈도 의존 선택이 일어나면 숫자가 많은 쪽은 계속 늘어나고 숫자가 적은 쪽은 계속 줄어드는 방향으로 변화

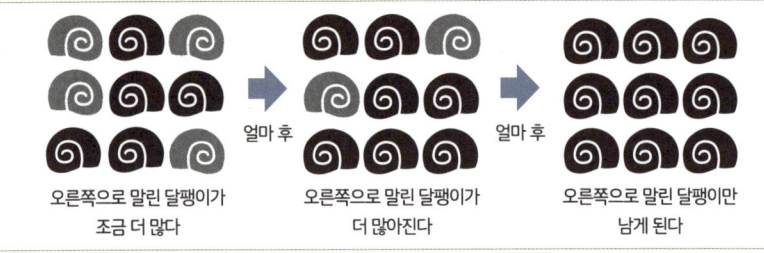

가 일어나므로, 대부분의 개체는 둘 중에 어느 한 쪽의 형질을 따르게 됩니다.

　달팽이의 조상은 껍질이 오른쪽으로 말려 있었습니다. 그렇다면 조상에 해당하는 '껍질이 오른쪽으로 말린 집단' 안에서 껍질이 왼쪽으로 말린 적은 수의 개체가 나타났을 경우를 생각해볼까요. 이때는 양성 빈도 의존 선택이 일어나 왼쪽으로 말린 개체의 적응도가 낮아지기 때문에 이 '오른쪽으로 말린 무리'가 '왼쪽으로 말린 무리'로 진화하는 경우는 거의 일어나지 않습니다. 결과적으로 대부분의 달팽이들은 종마다 껍질의 방향이 일정해졌으며 그중 대다수가 조상의 특징을 물려받아 껍질이 오른쪽으로 말리게 되었답니다.

> **Quiz 2의 정답**　조상의 껍질이 오른쪽으로 말려 있었던데다 양성 빈도 의존 선택이 발생함에 따라 껍질의 방향이 오른쪽에서 왼쪽으로 바뀌는 진화가 거의 일어나지 않았기 때문에.

껍질이 왼쪽으로 말린 달팽이의 진화

> 대부분의 달팽이 종은 껍질이 오른쪽으로 말려 있습니다. 하지만 일본 오키나와의 일부 지역에서는 껍질이 왼쪽으로 말린 달팽이도 흔히 찾아볼 수 있습니다. 대체 이유가 무엇일까요?

　일본의 오키나와에서는 껍질이 왼쪽으로 말린 달팽이를 쉽게 찾아볼 수 있습니다. 이곳에는 달팽이만 잡아먹는 이와사키달팽이뱀이라는 뱀이 살고 있지요.

　사실 이 이와사키달팽이뱀은 껍질이 오른쪽으로 말린 달팽이를 잡아먹는 것이 특기인 '오른손잡이' 뱀으로, 왼쪽과 오른쪽 이빨의 개수가 다릅니다. 실제로 이 뱀은 껍질이 왼

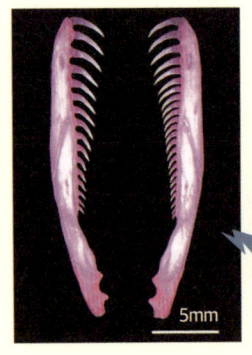

이와사키달팽이뱀의 아래턱. 오른쪽 턱에 이빨이 더 많다

쪽으로 말린 달팽이를 잘 먹지 못한다는 사실이 밝혀졌지요. 숫자가 많은 오른쪽으로 말린 달팽이를 잡아먹는 편이 자손을 남기기에 유리했기 때문에 '오른손잡이' 뱀으로 진화한 것입니다.

그 결과, '오른손잡이' 뱀이 사는 곳에서는 껍질이 왼쪽으로 말린 달팽이가 뱀에게 잘 잡아먹히지 않았기 때문에 다른 지역에 비해 왼쪽으로 말린 달팽이가 진화하기 쉬웠던 것으로 생각됩니다.

QUIZ 3의 정답 껍질이 오른쪽으로 말린 달팽이를 먹는 것이 특기인 '오른손잡이' 뱀이 사는 곳이기 때문에 뱀에게 잘 잡아먹히지 않는 왼쪽으로 말린 달팽이가 쉽게 진화할 수 있었다.

 사람의 왼손잡이, 오른손잡이도 진화하고 관련이 있을까?

사람은 유전 말고도 환경의 영향을 받아서 왼손잡이인지 오른손잡이인지가 정해지기도 해. 훨씬 복잡하기도 하고, 아직 밝혀지지 않은 점도 많지.

 ## 박쥐와 나방의 진화 경쟁

박쥐 중에는 먹잇감을 향해 초음파를 쏘고, 되돌아온 음파를 통해 위치를 알아내 어둠 속에서도 효과적으로 사냥에 성공하는 박쥐가 있다고 알려져 있습니다. 한편 박쥐의 먹잇

감인 야행성 나방류는 여기에 맞서기 위한 여러 수단을 진화시켜왔지요.

예를 들어, 초음파를 흡수하는 폭신폭신한 털이나, 초음파를 들을 수 있는 청각을 지닌 나방 등이 있습니다. 그 외에 자신도 음파를 발사해서 박쥐의 귀를 어지럽게 만들거나 음파로 자신에게 독이 있다고 알려서 박쥐에게서 도망치는 나방도 있습니다.

또한 대형 산누에나방류 중에는 앞날개의 끝부분에 음파를 강하게 튕겨내는 주름이 잡힌 나방이나, 뒷날개에 꼬리처럼 길게 뻗어 나온 돌기(미상돌기)가 있는 나방이 있습니다. 이러한 구조는 몸이나 머리에 받을 치명상을 피하는 데 도움을 주는 '미끼'로 생각됩니다.

한편으로 박쥐 중에는 이러한 대항 수단에 또다시 대항하기 위해 진화한 박쥐가 있습니다. 서부바르바스텔레박쥐(*Barbastella barbastellus*)는 초음파를 들을 수 있는 나방만 잡아먹는 박쥐로 알려져 있습니다. 이 박쥐는 사냥을 할 때면 나방이 들을 수 없을 정도로 작은 초음파를 써서 들키지 않게 나방을 낚아챕니다. 박쥐가 진화하자 나방도 진화하고, 나방이 진화하자 또다시 박쥐도 진화하는 진화 경쟁이 일어난 셈이지요.

이처럼 **적대 관계인 종들이 서로 경쟁하듯이 진화해 두 종의 능력이 계속 발전하는 현상**을 **진화적 군비 경쟁**이라고 부릅니다.

자신에게 독이 있다는 사실을 음파로 전해 박쥐에게서 몸을 지키는 불나방

뒷날개에 소리를 더 강하게 반사시키는 미상돌기가 있는 달나방

chapter 8

제 8 장

의태

곤충은 어디에 숨어 있을까?

제7장에서는 다른 생물과의 관계를 통해 일어나는 진화에 대해 설명했는데, 이러한 진화 중에서도 특히 재미있는 것 중 하나가 바로 의태입니다. 때때로 생물은 다른 동물이 속아 넘어가게끔 무언가와 닮은 모습으로 진화하는 경우가 있는데, 이것을 바로 의태라고 부릅니다. 의태의 장점은 상황에 따라 가지각색이랍니다. 이번 장에서는 다양한 생물의 의태를 소개하겠습니다.

제 8 장 곤충은 어디에 숨어 있을까?

118페이지의 사진 어디에 곤충이 있는지 눈치챘나요?
　정답은 아래 사진의 하얀 동그라미에 둘러싸인 부분입니다. 여기에 기생재주나방이라는 나방의 일종이 숨어 있답니다. 언뜻 봐서는 돌돌 말린 낙엽 같지만 사실은 무늬만 그렇게 보일 뿐 날개는 평평하답니다. 잎맥이나 이파리 안쪽까지 완벽하게 흉내 낸 모습이 마치 트릭아트 같지요.

ANSWER

날개를 펼친 기생재주나방

기생재주나방처럼 **생물이 다른 무언가와 비슷한 모습을 해서 결과적으로 다른 생물의 눈을 속이는 것을 의태**라고 합니다.

그렇다면 의태는 어떻게 해서 진화한 걸까요? 사실은 의태도 자연 선택에 따라 진화한 결과랍니다. 즉, 의태한 개체가 다른 개체보다 자손을 더 남기기 쉬웠기 때문에 의태하는 쪽으로 진화한 것이지요. 기생재주나방은 날개의 무늬가 낙엽과 비슷하면 비슷할수록 포식자의 눈에 잘 띄지 않았기 때문에 살아남는 데 유리했습니다. 그래서 세대를 거치며 집단 전체가 교묘한 낙엽 무늬를 갖게 된 것으로 생각됩니다.

이번 장에서는 다양한 생물의 의태를 살펴보겠습니다.

※ 우리말로 '의태'란 영어의 mimicry(흉내), mimesis(모방), camouflage(위장), crypsis(보호색), masquerade(가장) 등이 포함된 개념입니다. 이 책에서는 의태라는 단어를 adaptive resemblance(적응적 유사성, Starrett, 1993)의 의미로 사용하고 있습니다.

벌이 아닌 것은 다음 중 무엇일까요?

②와 ③은 모두 말벌과의 벌이지만 ①은 스즈키긴꽃등에라는 꽃등에과의 곤충입니다. 꽃등에는 큰 겹눈과 짧은 더듬이, 작게 퇴화한 뒷날개 등의 특징으로 벌과 구분할 수 있습니다. 또한 꽃등에는 파리나 모기와 같은 파리목이고 벌은 개미와 같은 벌목이기 때문에 계통적으로도 멀리 떨어져 있지요. 똑같이 노란색과 검은색 줄무늬를 띠고 있지만 줄무늬를 가진 똑같은 조상에서 진화한 것이 아니라, 각자 독자적으로 줄무늬를 손에 넣은 결과입니다.

벌이 독이 있는 위험한 생물이라는 사실을 아는 동물은 벌을 피해 다닙니다. 스즈키긴

꽃등에는 말벌과 닮으면 닮을수록 포식자의 눈을 피하기 쉬웠습니다. 먹잇감이 되지 않았기 때문에 자손을 남기기도 쉬웠고, 그래서 점차 말벌과 꼭 닮은 모습으로 진화해나갔지요.

QUIZ 1의 **정답** ①

의태는 다음의 세 가지가 있어야 성립됩니다.

① **의태자**(신호를 보내는 생물): 의태하는 생물
② **모델**: 의태할 본보기
③ **신호 수신자**: 시각 신호 등을 바탕으로 의태자를 인식하는 생물

중요한 것은 ③ 신호 수신자가 ① 의태자를 ② 모델이라고 착각해야 한다는 점입니다. 스즈키긴꽃등에를 예로 들자면 꽃등에가 ① 의태자, 벌이 ② 모델, 새 등의 포식자가 ③ 신호 수신자에 해당합니다. 생김새가 모델과 비슷하다는 점이 의태자의 생존이나 번식에 유리하게 작용합니다.

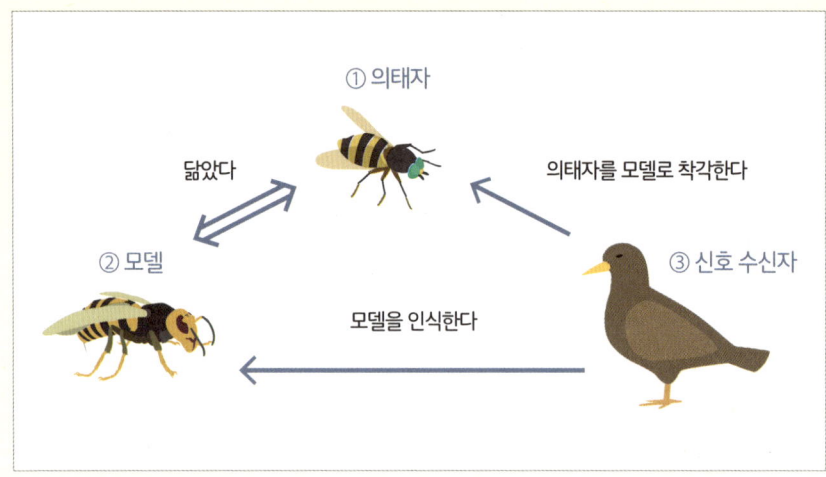

어디 있을까?
— 배경에 녹아드는 의태

 어디에 동물이 숨어 있을까요?

제 8 장 — 곤충은 어디에 숨어 있을까?

사진에는 노란씬벵이라는 물고기가 숨어 있습니다. 색깔뿐 아니라 생김새까지 해초를 꼭 닮았네요.

  이번 장의 첫머리에서 소개했던 기생재주나방도 그렇지만 주변의 풍경에 몸을 숨기면 잡아먹힐 가능성이 낮아집니다. 또한 노랑씬벵이처럼 육식동물 의태자는 먹잇감에게 자신이 있다는 사실을 들키지 말아야 사냥에 성공할 확률이 높아집니다.

  모습을 숨기는 의태 중에는 나뭇잎이나 식물 외에도 동물의 똥이나 바위 등, 주변 풍경의 일부나 무생물을 모델로 삼는 경우도 많습니다.

QUIZ 2의 정답

 ## 다른 동물로 헷갈리게 하는 의태

QUIZ 3 - 퀴즈 -

사진에서 위쪽에 있는 가짜청소고기는 아래쪽에 있는 청줄청소놀래기로 의태하고 있습니다. 어떤 장점이 있을까요?

 다른 동물과 자신을 헷갈리게 하는 의태도 있습니다. 이 경우는 신호 수신자에게 먹잇감도 아니며 위협도 되지 않는 동물을 모델로 삼습니다.
 청줄청소놀래기는 청소를 하듯이 다른 물고기의 몸 표면에 붙은 기생충을 잡아먹습니다. 이 행동은 상대 물고기에게는 이득이기 때문에 다른 물고기를 잡아먹는 물고기도 청

줄청소놀래기는 거의 잡아먹지 않는다고 하지요. 한편 가짜청소고기 중에서 작은 개체는 다른 물고기의 지느러미를 갉아먹기도 합니다. 가짜청소고기는 청줄청소놀래기와 무늬가 비슷한 덕분에 다음의 두 가지 이득을 보는 것으로 생각됩니다.

① 포식자가 가짜청소고기를 청줄청소놀래기로 착각하기 때문에 잘 잡아먹히지 않게 된다.
② 다른 물고기에게 쉽게 다가갈 수 있기 때문에 지느러미를 갉아먹기도 쉬워진다.

> **QUIZ 3의 정답** 다른 물고기에게 잘 잡아먹히지 않는다는 장점과, 다른 물고기에게 쉽게 다가갈 수 있기 때문에 지느러미를 효과적으로 갉아먹을 수 있다는 장점이 있다.

제 8 장 곤충은 어디에 숨어 있을까?

생김새와는 상관없는 의태

QUIZ 4 - 퀴즈 -

서아프리카고무개구리라는 개구리는 비가 내리지 않는 건기 동안 개미집 안에서 살아갑니다. 개미는 보통 둥지에 침입한 동물을 마구 공격하는데, 서아프리카고무개구리는 공격을 받지 않습니다. 이유가 무엇일까요?

서아프리카고무개구리

서아프리카고무개구리에 모여드는 개미

개미는 상대가 침입자인지 아닌지를 더듬이로 만져서 판단합니다. 서아프리카고무개구리(Phrynomantis microps)의 피부에서 나오는 물질을 만진 개미는 '이 개구리는 물리치지 않아도 돼'라는 착각에 빠집니다. 그 덕분에 이 개구리는 공격을 받지 않고 개미집 안에서 살아갈 수 있는 것이랍니다. 이러한 사례처럼 시각이 아닌 다른 정보로 상대방을 속이는 의태도 있지요.

> **QUIZ 4의 정답** 서아프리카고무개구리의 피부에서 나오는 물질을 만진 개미는 개구리를 침입자가 아니라고 착각하기 때문이다.

내 모습을 보라고!
— 위험한 동물과 비슷해지는 의태

QUIZ 5 각각 독이 있다? 없다?

①

전신 / 머리 / 캘리포니아영원

②

전신 / 머리 / 노란눈엔사티나도롱뇽

포식자와 같은 신호 수신자의 눈을 피해서 이득을 보는 의태가 있다면 반대로 신호 수신자에게 당당히 자신을 드러내는 의태도 있습니다.

말벌의 모습으로 의태하는 123페이지의 스즈키긴꽃등에처럼 **아무런 해가 없는 생물이 위험한 생물을 흉내 내는** 것을 **베이츠 의태**라고 합니다.

앞 페이지의 사진 ①은 캘리포니아영원(*Taricha torosa*)이라는 양서류로, 피부에 테트로도톡신이라고 하는 강한 독이 있습니다. 소형 양서류를 잡아먹는 새도 이 영원은 먹지 않지요.

한편 사진 ②는 노란눈엔사티나도롱뇽(*Ensatina eschscholtzii xanthoptica*)이라고 불리는 도롱뇽입니다. 독은 없지만 눈이나 몸의 색깔이 캘리포니아영원을 닮았기 때문에 새들에게서 몸을 지킬 수 있습니다.

> **QUIZ 5의 정답** ① 캘리포니아영원에게는 독이 있다. ② 노란눈엔사티나도롱뇽에게는 독이 없다.

위험한 생물들이 서로 닮아가는 의태도 있다!

이번 장의 첫머리에서는 독이 없는 꽃등에가 말벌, 꿀벌과 비슷한 무늬를 띠는 베이츠 의태에 대해 소개했지만, 독을 가진 벌들이 서로 간에 비슷한 무늬를 띠는 경우도 있습니다. 예를 들어, 장수말벌과 꿀벌은 모두 노란색과 검은색 줄무늬가 있는데, 각자 독자적으로 손에 넣은 무늬입니다.

장수말벌

꿀벌

말벌과 꿀벌처럼 **A라는 위험한 생물이 B라는 다른 위험한 생물과 비슷해지는** 현상을 **뮬러 의태**라고 합니다. 뮬러 의태의 경우에는 의태자와 모델 모두가 포식자에게서 몸을 지킬 수 있습니다.

모방독개구리(*Ranitomeya imitator*)에게는 무늬만 다른 다양한 타입이 있는데, 저마다 다른 종의 독개구리를 닮은 뮬러 의태입니다. 이러한 경우에는 의태자와 모델 모두가 독이 있습니다.

다음의 사진 ①~④에 나와 있는 한 쌍의 개구리 중에서 위쪽은 각자 사는 지역이 다른 모방독개구리, 아래는 그 모델이라 생각되는 다른 종의 개구리입니다.

무늬가 다른 모방독개구리의 서식지가 맞닿은 곳에서는 두 가지 무늬가 섞인 개체를 찾아볼 수 있습니다.

① 빨간머리독개구리(*R. fantastica*)
② 그물눈독개구리(*R. variabilis*)
③ 다른 지역에 사는 그물눈독개구리
④ 서머스독개구리(*R. summersi*)

 다른 종하고는 꼭 닮았으면서 같은 종하고는 다르게 생겼네!

상대방을 속이는 가짜 눈알

눈알 무늬 때문에 실제와는 다른 곳에 눈이 달린 것처럼 보이는 경우가 있습니다.

칠레네눈박이개구리(*Pleurodema thaul*)는 엉덩이에 커다란 눈 같은 무늬(안상문)가 있어서 적의 공격을 받으면 보란 듯이 엉덩이를 높게 들어 올립니다. 커다란 눈알 무늬는 이 개구리를 실제보다 큰 생물로 착각하게 만들지요.

칠레네눈박이개구리

엉덩이 쪽에서 본 칠레네눈박이개구리

물결부전나비의 날개에는 눈알 무늬와 더듬이처럼 생긴 돌기(미상돌기)가 있어서 포식자는 이쪽을 머리라고 착각하므로 공격당하더라도 비교적 피해를 덜 받습니다. 몸 뒤쪽에 있는 눈알 무늬는 잡아먹힐 확률을 낮춰주는 효과도 있다고 합니다.

물결부전나비

의태하는 기생충

기생하는 생물 중에는 재미있게도 먹잇감으로 의태해서 자신을 잡아먹은 포식자에게 기생하는 생물도 있습니다.

레우코클로리디움이라는 흡충의 경우는 새에게 기생하기 위해 애벌레로 의태합니다.

레우코클로리디움의 알은 육지에서 사는 고둥류인 갈색뾰족쨈물우렁이에게 잡아먹히면 소화기관에서 부화합니다. 알을 깨고 나온 유생은 우렁이의 더듬이로 이동해 애벌레처럼 꼬물거립니다. 이 모습을 애벌레라고 착각한 새가 우렁이와 함께 레우코클로리디움을 잡아먹으면 레우코클로리디움은 새의 몸 안에서 성장해 소화기관 안에 알을 낳습니다.

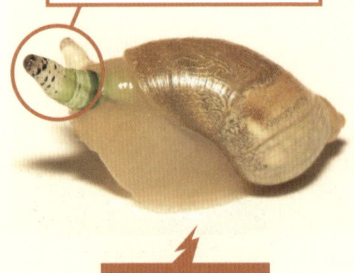

소화기관에서 알을 깨고 나와 더듬이로 이동한 레우코클로리디움

갈색뾰족쨈물우렁이

레우코클로리디움의 알은 새똥과 함께 밖으로 나와서 또다시 갈색뾰족쨈물우렁이에게 잡아먹히며 우렁이의 소화기관으로 돌아오지요. 그리고 그 안에서 다음 세대가 태어납니다.

식물도 의태한다

지금까지 소개한 의태는 모두 동물을 예로 들었지만 식물에서도 의태를 찾아볼 수 있습니다. 난초과 식물인 오프리스 스콜로팍스(*Ophrys scolopax*)는 꽃의 일부가 벌처럼 생겼습니다(사진 ①). 제7장에서 '일부 식물은 곤충 등의 동물에게 꽃가루를 나르게 해서 가루받

이를 하고 자손을 남긴다'라고 설명했지요. 오프리스 스콜로팍스의 꽃가루를 날라주는 곤충은 주로 수염줄벌속(*Eucera*)에 속한 벌입니다. 이 벌의 수컷은 오프리스 스콜로팍스의 꽃을 같은 종족의 암컷으로 착각해서 짝짓기를 하려 할 때가 있는데(사진 ②), 이때 꽃가루가 벌의 몸에 묻습니다(사진 ③). 이후 꽃가루가 묻은 벌이 다시 다른 꽃과 짝짓기를 하려 할 때 가루받이가 일어나게 됩니다. 이 난초는 겉모습뿐 아니라 냄새까지 암컷 벌처럼 의태한다고 합니다.

❶ 오프리스 스콜로팍스의 꽃

❷ 오프리스 스콜로팍스와 짝짓기를 하려는 수염줄벌속 벌

❸ 수염줄벌속 벌에게 묻은 꽃가루

① 양배추

② 양상추

③ 브로콜리

chapter 9

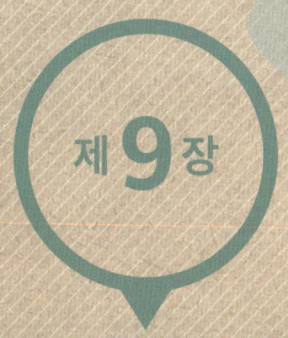

제 9 장

인공 선택

양배추, 양상추, 브로콜리 중에서
나머지와 다른 하나는?

제8장까지는 자연에서 일어나는 다양한 진화와 원리에 대해 알아봤습니다. 그런데 사실은 사람의 손으로 진화가 일어나는 경우도 있답니다. 사람은 생물을 농작물이나 가축으로 이용할 때, 자신들에게 이로운 특징을 가진 개체만 골라내, 세대교체가 일어날 때마다 생물의 특징을 변화시켰습니다. 제9장에서는 이러한 인공 선택에 대해 소개하겠습니다.

제 9 장

양배추, 양상추, 브로콜리 중에서 나머지와 다른 하나는?

동그랗게 생긴 양배추나 양상추와는 달리 브로콜리는 작은 나무처럼 생겼습니다. 생김새만 보면 양배추와 양상추가 가까운 사이이고, 브로콜리는 전혀 다른 종처럼 보일지도 모르겠네요. 하지만 사실 혼자 나머지와 다른 식물은 양상추입니다.

양배추와 브로콜리는 모두 브라시카 올레라케아(*Brassica oleracea*, 야생양배추)라는 배추과 식물의 친척입니다. 반면 양상추는 양배추나 브로콜리와는 계통이 전혀 다른 국화과 식물이지요. 양배추와 양상추 모두 사람이 재배하면서 크게 모습이 바뀐 채소입니다.

양배추와 브로콜리의 조상과 모습이 비슷한 식물

양상추의 조상과 모습이 비슷한 식물

ANSWER

② 양상추. ① 양배추와 ③ 브로콜리는 배추과 식물에서 인간이 만들어낸 채소. 한편, ② 양상추는 양배추나 브로콜리와 달리 국화과 식물.

QUIZ 1 경수채, 무, 순무 중에서 나머지와 다른 하나는?

① 경수채　② 무　③ 순무

경수채, 순무, 배추, 소송채, 청경채는 모두 같은 종(Brassica rapa)입니다. 사람이 하나의 종에서 다른 특징을 가진 개체를 우선적으로 재배한 결과 다양한 채소가 생겨난 것이지요.

정답은 140페이지에 나와 있어!

제 9 장 　양배추・양상추・브로콜리 중에서 나머지와 다른 하나는?

인공 선택이란?

사람의 손에 재배되면서 양배추나 브로콜리의 모습이 크게 달라졌듯이, **어떠한 특징이 인공적으로 선택되면서 생물의 자손의 특징이 달라지는** 것을 **인공 선택**이라고 합니다.

본래 채소나 가축은 야생에서 살아가던 생물이었지만 사람이 재배하거나 번식시키는 과정에서 인공 선택이 일어나 야생 개체와는 특징이 다른 집단으로 거듭났습니다.

인공 선택의 경우에는 '맛있다', '키우기 쉽다' 등의 특징이 있는 개체가 선택됩니다. 이

139

러한 특징이 유전되면서 사람에게 더 이로운 특징을 가진 집단이 생겨나지요.

사실 양상추와 양배추는 모두 원래는 동그랗지 않았습니다. 하지만 사람이 이파리를 먹기에 좋은 개체를 선호한 결과, 똑같이 인공 선택이 일어나서 비슷한 형태로 변한 것입니다.

또한 원래는 같은 종이었지만 이파리를 먹기에 좋은 개체를 골라서 재배한 결과 생겨난 것이 양배추인 반면, 꽃을 먹기에 좋은 개체를 골라서 재배한 결과 생겨난 것이 브로콜리랍니다.

 자연 선택과는 다르게 사람이 선택한 거구나

 인공 선택의 경우에는 맛있거나 키우기 쉽다는 특징이 있는 개체가 선택되지

QUIZ 1의 정답 ② 무

벼에서 볍씨가 떨어지지 않는 이유

'벼는 익으면 고개를 숙인다'라는 속담이 있듯이 가을철에 논밭을 찾아가보면 탐스럽게 맺힌 볍씨의 무게에 고개를 숙인 벼를 발견할 수 있습니다. 볍씨는 완전히 익어도 수확하기 전까지는 이삭에서 떨어지지 않지요. 그래서 이삭을 베어내면 효율적으로 볍씨를 수확할 수 있습니다. 반면, 야생에서는 볍씨가 익으면 이삭에서 떨어져 주변으로 흩어져야 자손을 남기기 쉽습니다.

사람이 재배하는 환경에서는 이삭을 수확하면 그 이삭에 달린 볍씨가 다음 농사에 사용되기 때문에 익었을 때 볍씨가 떨어지지 않더라도 다음 세대를 남길 수 있습니다. 본래 이런 특징이 있는 식물은 야생에서 찾아보기 힘들지만 인공 선택을 통해 사람이 재배하면서 자손을 남길 수 있게 된 것이지요.

볍씨는 익어도 떨어지지 않는다

※ 여기서 볍씨라고 부르는 것은 겉겨를 털어내지 않은 낟알로, 엄밀히 따지자면 볍씨는 아닙니다. 볍씨는 이 낟알 안에 있습니다.

QUIZ 2 - 퀴즈 -

조의 조상과 모습이 비슷한 식물은 다음 중 무엇일까요?

① 억새

② 방울보리사초

③ 강아지풀

조

제9장 양배추, 양상추, 브로콜리 중에서 나머지와 다른 하나는?

QUIZ 2의 정답 ③ 강아지풀. 강아지풀과 비교하면 조는 이삭이 크고 완전히 익어도 씨앗이 이삭에서 잘 떨어지지 않는다. 모두 인공 선택을 통해서 생겨난 특징이다.

치와와도 개, 푸들도 개, 그럼 늑대는?

QUIZ 3

다음 중, 혼자 나머지와 다른 것은 무엇일까요?

① 늑대

② 코요테

③ 치와와

동물 중에서 가장 다채롭게 인공 선택이 일어난 사례는 개가 아닐까요.

몸무게가 3kg도 안 되는 치와와부터 90kg이나 되는 세인트버나드, 어깨 높이가 80cm를 넘는 아이리시울프하운드 같은 초대형견까지, 덩치만 보더라도 놀라울 정도로 다양합니다.

또한 다리가 짧은 닥스훈트는 물론이고 치타 같은 몸매의 그레이하운드도 있지요. 털이 계속해서 자라는 푸들, 털이 무척 짧은 차이니즈크레스티드독, 살갗이 늘어진 차우차우 등, 개성적인 견종을 꼽으라면 끝이 없을 정도랍니다.

이토록 다양한 모습을 하고 있지만 모든 개는 단일종입니다. 늑대와 같은 종(Canis lupus)으로 분류되지요.

겉모습만 보자면 치와와보다는 코요테가 늑대와 더 닮았네요. 하지만 치와와와 늑대는 같은 종으로, 코요테와 늑대보다 더 가까운 관계입니다.

QUIZ 3의 정답 코요테. ① 늑대와 ③ 치와와(개)는 같은 종(Canis lupus). ② 코요테는 다른 종(Canis latrans).

개의 종류가 놀라울 정도로 다양해진 것은 인공 선택에 따른 결과입니다.

가축 중에서도 가장 오래전부터 사람과 함께해온 개의 기원은 늦어도 약 1만 5000년 전이라고 합니다. 이때는 인류가 농사를 시작하기 전이었으니 어쩌면 개는 인공 선택을 받은 최초의 생물이었을지도 모르겠네요.

다만 개가 처음 가축이 되었을 때 사람이 어디까지 관여했는지는 확실하지 않습니다.

이후로 사람이 개를 적극적으로 이용하면서 목적에 따라 인공 선택이 일어나기 시작했지요. 어떤 개는 빠르게 달려서 먹잇감을 쫓게끔, 어떤 개는 힘차게 썰매를 끌 수 있게끔, 또 어떤 개는 주인의 무릎 위에서 재롱을 부리게끔. 이처럼 세계 곳곳에서 생김새가 다양한 견종이 만들어졌습니다.

18세기 후반부터 개에 대한 인공 선택이 활발하게 이뤄지면서 개의 종류는 한층 빠르게 다양해졌습니다. 견종이 정해지고 그에 대한 기준이 생겨나자 각 견종들의 특징을 강조하는 방향으로 인공 선택이 이뤄졌지요.

　이렇게 겨우 수천 년, 진화생물학에서는 눈 깜짝할 사이라고도 할 수 있는 짧은 시간 만에 개는 개과 동물 전체를 넘어설 정도로 다양해졌습니다. 이처럼 인공 선택은 매우 짧은 시간 사이에 큰 변화를 이끌어내기도 한답니다.

닥스훈트. 오소리나 토끼를 사냥할 때 땅굴 안에서도 움직이기 쉽도록 다리가 짧은 개체가 선택되었다

그레이하운드. 다리가 빠른 견종으로 사냥에 이용되었다. 달리기 시합도 개최된다

초대형견인 세인트버나드

늘어진 살갗 때문에 얼굴이 독특한 차우차우

칼럼

후손들에게 씨앗을 남기자!
씨앗은행

전 세계에는 다양한 식물이 존재합니다. 이러한 다양성은 식물을 연구하거나 인공 선택으로 새로운 품종을 만들어내는 데 무척이나 중요합니다.

하지만 사람에게 재배되는 품종이 모두 똑같아지거나 서식지의 환경이 파괴되면 이러한 다양성을 잃게 될 위험이 있지요. 씨앗은행은 이처럼 다양한 식물의 씨앗을 관리해서 농업이나 식물 연구에 도움을 주고, 후손에게까지 남기기 위한 시설입니다.

씨앗은행은 전 세계에 있는데, 일본에서도 농업연구기구 유전자원 연구센터(대한민국의 경우에는 산림청 국립수목원 씨앗은행 등이 있다~옮긴이)를 비롯한 씨앗은행이 중요한 역할을 맡고 있습니다.

씨앗은행이 있기 때문에 맛있는 품종, 기후 변화에 맞춘 품종, 새로운 수요에 맞춘 품종 등을 개발할 수 있는 것이랍니다.

일본의 농업연구기구 유전자원 연구센터 내부 사진. 씨앗이 보관된 선반이 좌우로 늘어서 있다

제 9 장 양배추, 양상추, 브로콜리 중에서 나머지와 다른 하나는?

> 칼럼

다윈과 인공 선택

인공 선택은 다윈이 쓴 책 『종의 기원』에서도 첫 번째 장에서 소개할 만큼 중요한 역할을 맡고 있습니다.

다윈은 인공 선택과 자연 선택이 무척 비슷한 원리로 일어난다는 사실을 알고 있었습니다. 그래서 자연 선택을 설명하기에 앞서 우리 주변의 인공 선택에 대해 먼저 설명한 것이지요.

인공 선택과 자연 선택을 비교해서 설명한다는 것은 당시의 시대적 배경을 감안하면 무척 중요했습니다. 당시는 생물이 진화를 통해 크게 모습이 달라지거나 다양한 종으로 나뉜다는 사실을 아직 받아들이지 못했기 때문입니다. 사람들 대부분이 사람은 사람, 개는 개라는 식으로 하나의 일정한 종이 처음부터 지구상에 존재했다고 믿었지요.

그렇기 때문에 다윈은 먼저 인공 선택을 통해 같은 조상에서 다양한 품종이 생겨났다는 사실을 설명했습니다. 실제로 다윈이 태어났던 당시, 영국에서는 사람의 손으로 새로운 품종을 널리 개발하고 있었습니다.

예를 들어, 양비둘기(흔히 말하는 집비둘기)는 하나의 종에서 식용, 애완용, 전서구(편지 등을 발에 묶어서 날려 보내 소식을 알리는 데 사용했던 비둘기-옮긴이) 등, 사람의 필요에 따라 다양한 품종이 만들어지고 있었습니다.

다윈은 인공 선택을 통해 이렇게나 큰 차이가 생겨날 수 있다면 자연 선택을 통해서도 오랜 세월에 걸쳐 생물의 생김새가 변해, 같은 조상에서 다양한 생물이 생겨날 수 있다고 설명한 것입니다.

1868년에 간행된 다윈의 책 『The Variation of Animals and Plants Under Domestication』에서 소개된 여러 품종의 양비둘기 그림

제 9 장 양배추, 양상추, 브로콜리 중에서 나머지와 다른 하나는?

chapter 10

제 10 장

진화에 숨겨진 사실

부모와 자식이 닮은 이유는 무엇일까?

지금까지는 다양한 진화의 실제 사례와 그 원리에 대해 소개했습니다. 이러한 진화가 일어나려면 생물의 특징이 자손에게로 유전되어야 하지요. 그렇다면 유전은 어떻게 일어나는 걸까요? 이번 장에서는 유전의 원리와 구조에 대해 설명하겠습니다.

제10장

부모와 자식이 닮은 이유는 무엇일까?

사람이든 강아지든 부모 자식이나 형제는 무척 닮았습니다. 한편으로 자세히 살펴보면 다른 점도 아주 많지요. 이런 일은 대체 왜 일어나는 걸까요?

이러한 현상은 **DNA**(디옥시리보 핵산)라는 물질과 관련이 있습니다. DNA는 쉽게 말해 **생물의 설계도**랍니다. 진화에서도 무척 중요한 존재지요. 그래서 이번 장에서는 DNA가 대체 무엇이며 어떻게 진화로 이어지는지 알아보겠습니다.

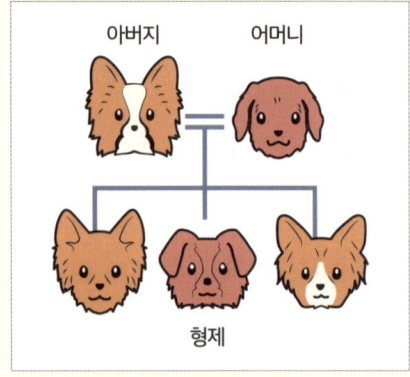

ANSWER

아이는 부모의 DNA를 물려받기 때문에.

 DNA란 말은 자주 듣는데, 그게 뭐야?

조금 어렵지만 중요한 내용이니까 천천히 설명해줄게.

 ## 모든 생물이 지닌 DNA란 대체 무엇일까?

모든 생물은 DNA라는 물질을 갖고 있습니다. DNA는 수없이 많은 **뉴클레오타이드**가 연

결되면서 만들어지는 끈처럼 생긴 물질입니다.

DNA를 구성하는 뉴클레오타이드는 기본적으로 네 종류가 있는데, 각각 **아데닌(A)**, **티민(T)**, **구아닌(G)**, **시토신(C)**이라는 네 종류의 물질 중 하나가 포함되어 있습니다. 뉴클레오타이드는 네 가지 색의 구슬이고, DNA는 이 구슬에 끈을 꿰서 이어놓은 것이라고 상상해보면 이해하기 쉽겠네요.

이 A·T·G·C는 글자와도 같은 역할을 합니다. 글자가 이어지면 뜻이 생기고 문장이 되듯이, A·T·G·C의 서열에는 의미가 있지요.

A·T·G·C의 서열은 '이 생물을 이렇게 이렇게 만들어라'라는 설계도 역할을 합니다. 요리법이 글자를 이용한 문장으로 쓰여 있듯이, 생물의 설계도는 A·T·G·C라는 네 종류의 글자로 쓰인 DNA에 기록되어 있지요.

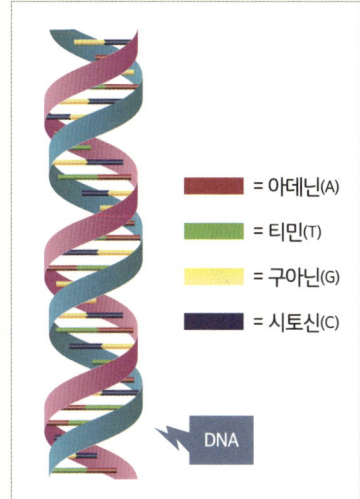

= 아데닌(A)
= 티민(T)
= 구아닌(G)
= 시토신(C)

DNA

제10장 부모와 자식이 닮은 이유는 무엇일까?

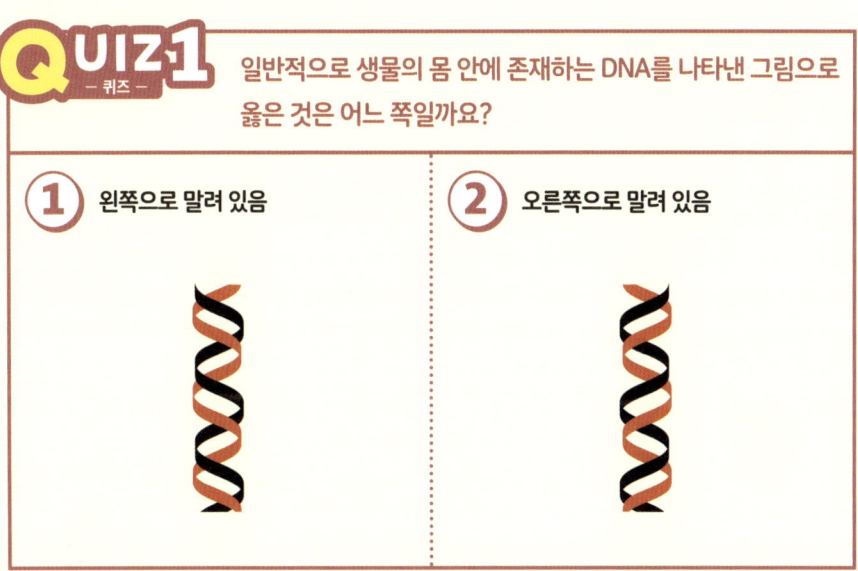

QUIZ 1 퀴즈

일반적으로 생물의 몸 안에 존재하는 DNA를 나타낸 그림으로 옳은 것은 어느 쪽일까요?

① 왼쪽으로 말려 있음

② 오른쪽으로 말려 있음

QUIZ 1의 정답 오른쪽으로 말려 있다. 생명체의 DNA는 보통 오른쪽으로 말린 이중나선 구조를 이룬다.

DNA는 어떻게 '설계도' 역할을 해내는 걸까?

조금 전에 'DNA는 생물의 설계도'라고 설명했습니다. 그럼 DNA는 몸 안에서 무슨 일을 하는 걸까요?

<u>**DNA는 단백질이라는 물질이 하는 일을 조절합니다.**</u> 단백질은 종류가 다양한 만큼 몸 안에서 수많은 일을 해내고 있습니다. 예를 들어, 머리카락은 주로 케라틴이라는 실 모양의 단백질로 이뤄져 있고, 근육은 근섬유를 만들어내는 액틴이라는 단백질과 근섬유를 잡아당겨서 움직이게 하는 미오신이라는 단백질 등으로 이뤄져 있지요.

적혈구 안에 있는 빨간 색을 띤 헤모글로빈이라는 단백질은 산소에 달라붙어서 온몸에 산소를 나르는 역할을 합니다. 침에 섞여 있는 아밀레이스라는 단백질은 전분을 분해하는 역할을 맡고 있습니다.

사실 '어떤 단백질이 몸 어디서 얼마나 만들어지는지'도 **전사인자**라는 단백질이 조절하고 있습니다. 그 덕분에 머리카락이나 근육, 적혈구처럼 인체를 구성하는 다양한 부품이 생겨나는 것이지요.

또한 몸의 어느 쪽이 앞이고 어느 쪽이 뒤인지를 결정하는 Wnt(윈트)단백질처럼 몸의 구조를 만들어낼 때 큰 역할을 해내는 단백질도 있습니다.

 단백질은 사람뿐 아니라 다양한 생물의 여러 세포에 무척 중요해

그렇구나~

> 칼럼

DNA를 복제하는 원리

　원칙적으로 DNA는 생물의 모든 세포 안에 있고, 모든 세포에는 그 생물을 구성하는 데 필요한 DNA가 통째로 들어 있습니다. 그러니 1개의 세포가 2개로 늘어날 때에는 DNA를 통째로 복제해서 뉴클레오타이드가 똑같은 순서로 배치된 DNA를 만들어내야 하지요.

　그럼 대체 어떻게 복제하는 걸까요? DNA의 구조는 흔히 **이중나선 구조**라고 부르는데, 153페이지 위쪽의 그림에 나와 있듯이, **A·T·G·C가 짝을 이루면서 끈처럼 생긴 두 줄의 DNA가 연결되는 형태를 띠고 있습니다.** 여기서 중요한 것은 누가 누구와 짝을 이루는지가 확실히 정해져 있다는 사실입니다. A는 T와, G는 C와 짝을 이룹니다. 그러니 둘 중 어느 한 쪽만 있어도 반대편에 누가 올지 바로 알 수 있지요. 이처럼 **짝이 서로에게 모자란 부분을 채워주는 특성**을 **상보성**이라고 합니다.

　DNA를 복제할 때에는 우선 이 짝을 모두 떼어내서 DNA를 한 줄씩 나눕니다. 그리고 각각의 줄에서 A에는 T, G에는 C를 붙이는 식으로 뉴클레오타이드에 새로운 짝을 붙여줘서 다시 두 줄로 돌려놓는 것이지요. 이렇게 해서 이중나선 구조의 DNA가 2개로 복제됩니다. 이 원리를 통해 세포가 계속해서 불어날 때에도 몇 번이고 DNA를 늘려나갈 수 있습니다.

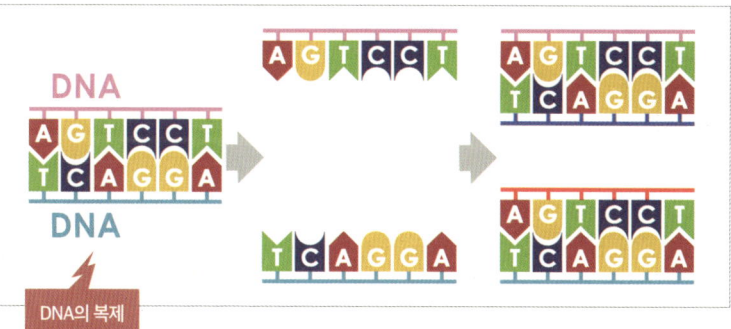

DNA의 복제

지방이나 DNA 등, 생물의 몸을 구성하는 다양한 물질을 만들거나 분해하는 것 역시 단백질이 하는 일입니다. 또한 단백질은 단백질 자신이나 단백질의 부품인 아미노산을 만들어내고 분해할 때에도 중요한 역할을 해내지요.

이처럼 단백질은 생물의 몸 안에서 일어나는 온갖 현상에서 중요한 역할을 맡습니다. 이러한 **단백질이 어떻게 형성되는지는 DNA의 뉴클레오타이드 서열에 따라 정해집니다.** 그렇기 때문에 'DNA는 생명의 설계도'라고 불리는 것이지요.

그렇다면 DNA가 가진 정보는 어떻게 단백질로 바뀌는 것일까요? 우선 DNA가 가진 정보의 일부는 고스란히 베껴져서 RNA라는 물질을 조립하는 데 사용됩니다. 그리고 이 RNA가 지닌 정보에 따라 아미노산이라는 물질이 순서대로 이어지지요. 이렇게 이어진 것이 단백질이 됩니다.

단백질을 만들 때 사용되는 아미노산은 20종류로[1], '어떤 아미노산이 어떤 순서로 몇 개나 이어지는지'에 따라 서로 다른 종류의 단백질이 완성됩니다.

DNA에는 유전자라 불리는 부분이 곳곳에 흩어져 있는데, 각각의 유전자는 아미노산을 연결하는 방식을 A·T·G·C의 서열로 표현합니다.[2] 그 정보에 따라 서로 다른 단백질이 만들어지는 것이지요. 유전자의 개수는 종에 따라 다른데, 사람을 예로 들자면 약 2만 개입니다.

[1] 사람의 경우입니다. 다른 생물은 조금 다르기도 합니다.
[2] 개중에는 아미노산을 연결하기 위한 정보가 포함되어 있지 않은 유전자도 있습니다(→167페이지).

단백질은 이렇게 만들어진다!

DNA가 지닌 정보에서 단백질이 만들어지는 모든 단계를 좀 더 자세히 살펴보겠습니다.

우선 단백질을 만들기 위한 첫 번째 단계는 조금 전에 설명했듯이 DNA에서 A·T·G·C의 서열을 RNA에 고스란히 베껴 쓰는 **전사**라는 작업입니다.

RNA는 DNA와 무척 비슷한 끈처럼 생긴 물질입니다. RNA도 DNA와 마찬가지로 뉴클레오타이드가 연결되면서 생겨난 물질이지만 각각의 뉴클레오타이드에는 A·U·G·C 중 하나가 포함되어 있지요. DNA의 뉴클레오타이드에 포함된 T를 대신해서 RNA는 U(우라실)를 갖고 있습니다.

DNA의 뉴클레오타이드와 RNA의 뉴클레오타이드는 짝을 이룹니다. G는 C와 짝이 되고, A는 T와 U 모두와 짝이 될 수 있습니다. 이러한 성질을 이용해 DNA의 A·T·G·C 서열을 베껴낸 RNA를 만들어나가는 것이지요.

예를 들어, ATGCA의 형태로 늘어선 DNA에서는 UACGU라는 RNA가 생겨납니다. 점토를 손으로 누르면 손바닥 모양으로 눌린 자국이 생겨나지요. 이와 마찬가지로 RNA는 정확히 DNA의 반대 형태를 이룹니다.

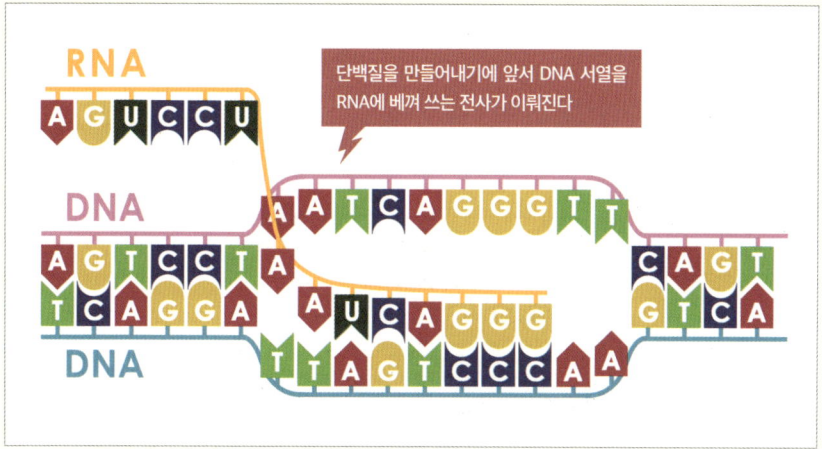

다음은 완성된 RNA의 정보를 토대로 아미노산을 연결하는 **번역**이라 불리는 작업입니다. **리보솜**이라는 물질이 RNA에 달라붙어, RNA의 뉴클레오타이드 서열에서 어느 아미노산이 어떤 순서로 이어지는지 정보를 해석해서 실제로 아미노산을 연결합니다.

하지만 아미노산은 20종류나 되는 반면 뉴클레오타이드는 네 종류밖에 되지 않지요. 사실 **RNA의 뉴클레오타이드는 세 개씩 짝을 이뤄서 하나의 아미노산을 정해줍니다.**

예를 들어, 뉴클레오타이드가 'UAC'의 순서로 이어져 있으면 이것은 히스티딘이라는 종류의 아미노산에 해당합니다. 마찬가지로 'CGU'는 시스테인이라는 또 다른 종류의 아미노산에 해당하지요. 이처럼 특정한 아미노산을 정해주는 뉴클레오타이드 세 개의 서열은 '코돈'이라고 합니다.

이렇게 리보솜은 '코돈'을 해석해서 여기에 맞는 아미노산을 이어나갑니다. 이렇게 수백, 수천의 뉴클레오타이드 서열이 아미노산 서열로 변하지요. 그리고 완성된 아미노산 서열은 어떻게 배치되었는지에 따라서 구부러지거나, 접히거나, 복잡하게 울퉁불퉁해지면서 단백질이 되고, 비로소 역할을 맡게 됩니다.

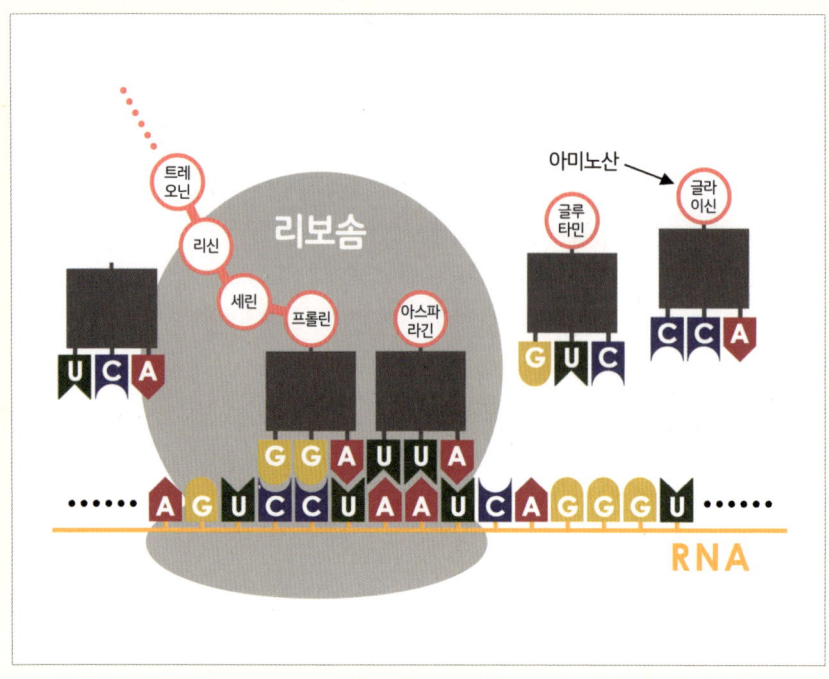

모든 사람의 DNA는 99.9%가 똑같다!?

모든 생물은 DNA를 갖고 있습니다. 하지만 사실은 종마다 A·T·G·C의 배열 순서나 DNA의 길이가 다른데, 이러한 차이가 종의 차이를 만들어내지요.

그렇다면 종이 같은 생물이라도 개체마다 조금씩 차이가 나는 이유는 무엇일까요? 그 차이를 만들어내는 원인은 다양한데, 자라난 환경 등 여러 요소에 영향을 받지만 여기에서도 DNA가 영향을 끼칩니다.

종이 같은 생물의 DNA를 비교해보면 다른 종과 비교했을 때보다 차이가 훨씬 적습니다. 하지만 완전히 똑같지는 않지요.

예를 들어, 두 사람의 DNA를 비교해보면 약 99.9%가 똑같다고 합니다. 바꿔서 말하자면 **약 0.1%는 다르다**는 뜻입니다.

이처럼 A·T·G·C를 어떻게 배치하느냐에 따라 생겨난 겨우 0.1% 정도의 차이 때문에 각각의 몸 설계도에도 차이가 생겨납니다. 사람마다 아주 약간씩 설계도가 다르기 때문에 개성이 생겨나는 것이지요.

DNA는 몸을 구성하는 세포 하나하나에 들어 있지만, 같은 개체 안의 모든 세포에는 기본적으로 똑같은 DNA가 들어 있습니다.

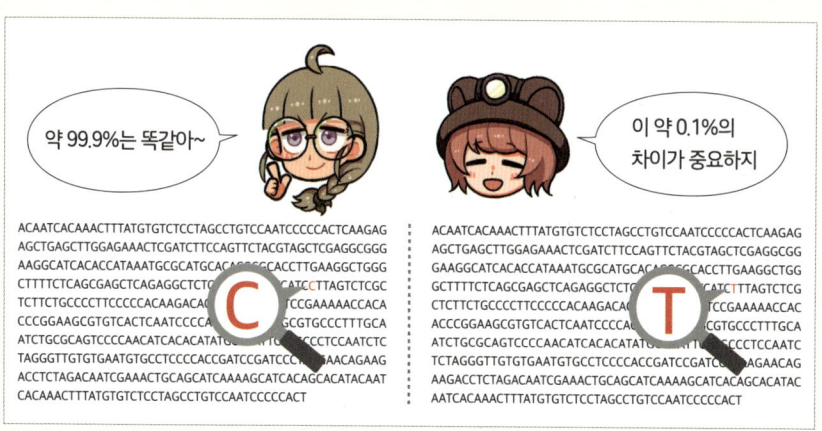

자식은 부모에게서 한 벌씩 '설계도'를 물려받는다

생물은 번식할 때 자신의 DNA를 복사해서 자식에게 건네줍니다. 이렇게 자식은 부모의 DNA를 물려받지요. 자식이 태어날 때에는 부모에게서 건네받은 DNA를 바탕으로 부모와 닮은 형태가 만들어집니다.

그렇다면 왜 부모나 형제 사이에서는 '차이'가 생겨나는 걸까요? 부모와 형제 모두 생김새가 똑같아도 이상하지 않을 텐데 말이지요.

이 궁금증을 해결하기 위해 부모에게서 자식에게로 DNA가 어떻게 건네지는지를 확인해봅시다.

사실 대부분의 생물은 DNA, 즉 설계도를 두 벌씩 갖고 있습니다(2배체라고 불립니다)[※]. 그 중에 하나는 어머니에게서, 나머지 하나는 아버지에게서 물려받은 것이지요.

자식은 어머니와 아버지라는 두 개체의 부모가 교배하면서 태어나는데, 이때 어머니와 아버지 양쪽에서 설계도를 한 벌씩 물려받습니다. 그러면 구체적으로 어떤 일이 일어나게 될까요?

※ 2배체가 아닌 생물도 무척 많습니다. 특히 미생물은 2배체가 아닌 것이 많지요.

사람은 46개의 염색체를 갖고 있다

앞서 '한 벌의 설계도'라는 표현을 썼습니다. 이는 DNA 한 개로 한 벌이 만들어지는 것이 아니라, 여러 개의 DNA를 합쳐야 한 벌의 설계도가 완성되기 때문이지요.

예를 들어, 사람의 세포는 DNA 23개가 한 벌을 이루는데, 이 DNA 하나하나를 **염색체**라고 부릅니다. 다시 말해 **사람은 한 벌에 23개가 있는 염색체를 모두 두 벌, 합쳐서 염색**

체 46개를 가진 셈입니다. 46개 중에서 두 개는 '성염색체'라고 해서 성별을 결정하는 염색체입니다. 성염색체는 **X염색체**와 **Y염색체**라는 두 종류로, X염색체가 두 개면 여자, X염색체와 Y염색체가 각각 하나씩 있으면 남자가 됩니다.

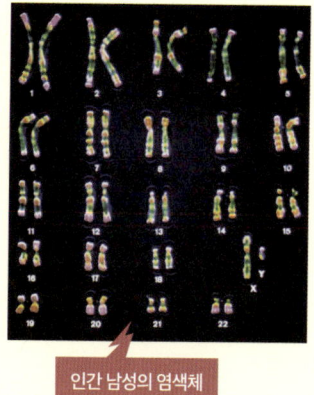

인간 남성의 염색체

어머니·아버지의 DNA가 전해지는 원리

아이가 만들어질 때 어머니는 **난자**라는 세포를 만들어냅니다. 그리고 어머니가 가진 두 벌의 DNA 중 하나만 복제되어 난자에 들어갑니다. 한편 아버지는 **정자**라는 세포를 만들어내지요. 마찬가지로 아버지가 가진 두 벌의 DNA 중에서 하나만 복제되어 정자에 들어갑니다.

난자와 정자가 만나면 합쳐져서(수정) 하나의 세포(수정란)가 됩니다. 이때 난자와 정자에 각각 들어 있던 DNA가 한 벌씩 전해집니다. 이렇게 해서 수정란의 DNA에는 두 벌이 갖춰졌습니다. 이 두 벌의 설계도를 섞어서 사용함에 따라 수정란에서는 점차 아이의 몸이 생겨납니다.

발생 과정에서 수정란은 세포 분열을 되풀이합니다. 세포가 나뉠 때마다 매번 DNA가 복제되고, 마지막으로 부모에게서 물려받은 DNA를 바탕으로 아이의 몸이 만들어집니다.

 그렇구나, 아이는 부모님한테서 반씩 DNA를 물려받는 거였어!

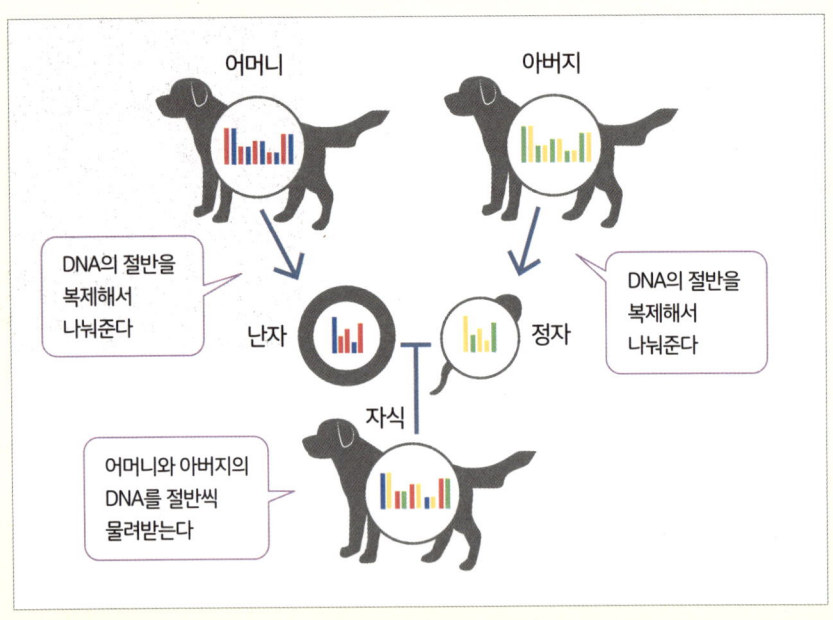

 부모님이 같더라도 형제의 DNA가 조금씩 다른 이유

이렇게 해서 태어난 아이는 부모님을 닮게 됩니다. 하지만 부모와 완전히 똑같아지는 일은 없지요.

  그 이유는 지금까지 살펴봤듯이 자식은 부모에게서 복제한 DNA를 한 벌씩 물려받기 때문입니다. 'DNA를 물려받는다'라는 말은 'DNA의 뉴클레오타이드 서열을 물려받는다', 즉 '유전정보를 물려받는다'라는 뜻입니다. 따라서 '자식은 부모에게서 유전정보를 1/2씩 물려받는다'라고 할 수 있지요. 다시 말해 자식은 부모 중 한쪽과 1/2은 똑같지만 1/2은 다른 유전정보를 가진 셈입니다. 이것이 바로 자식이 부모와 닮았으면서도 완전히 똑같지는 않은 이유랍니다.

한편 형제가 닮았으면서도 조금씩 다른 이유는 한 부모에게서 물려받은 유전정보라도 완전히 똑같지는 않기 때문입니다.

그렇다면 형제 사이의 경우, 부모에게서 물려받은 유전정보는 어느 정도나 똑같을까요?

 두 형제가 부모에게서 물려받은 유전정보는 어느 정도나 똑같을까요?

①    ②    ③ 1 (완전히 똑같다)

형제는 각자 어머니, 아버지에게서 유전정보를 절반씩 물려받습니다. 유전정보를 물려받을 때, 그 절반이 어떻게 뽑힐지는 우연에 따라서 정해집니다.

어머니에게서 자식 A가 물려받은 유전정보는 1/2, 자식 B가 물려받은 유전정보 역시 1/2입니다. 그리고 자식 A와 자식 B가 공통적으로 어머니에게서 물려받은 유전정보는 절반의 절반, 즉 1/4이 됩니다.

이렇게 되는 원리는 트럼프 카드를 이용하면 쉽게 설명할 수 있습니다. 잘 섞은 트럼프 카드 두 세트를 준비한 후, 각각의 세트를 반씩 나눠서 비교해보면 반으로 나눈 카드에서 절반 정도는 똑같겠지요.

다시 말해, 본래 내용물이 똑같았던 두 벌의 트럼프를 각각 반으로 나누면 반의 반, 즉 1/4이 똑같아지는 이 현상이 형제의 유전정보에서도 일어난다는 뜻입니다.

또한 아버지에게서도 마찬가지로 1/4을 물려받겠지요. 따라서 형제는 합쳐서 1/2의 유전정보를 공유하게 됩니다.

다음 페이지의 그림을 통해 이 흐름을 설명하겠습니다.※

 같은 부모에게서 태어난 형제라도 어떤 유전정보를 물려받게 될지는 서로 달라

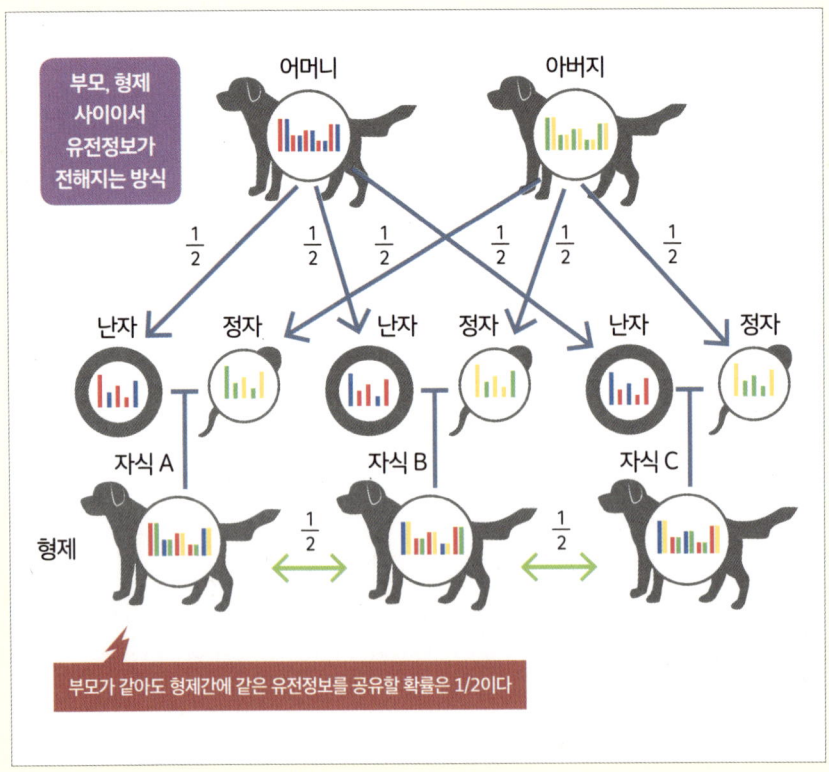

※ 앞서 설명했듯이 세포 안의 DNA는 여러 개의 염색체로 나뉘어 있습니다. 그리고 어머니에게서 물려받은 첫 번째 염색체와 아버지에게서 물려받은 첫 번째 염색체가 짝을 이루고, 두 번째 이후로도 마찬가지로 짝을 이루게 되지요. 위의 그림은 짝을 이룬 염색체 중에서 한 쪽이 본래의 형태를 유지한 채 난자나 정자에 들어가는 것처럼 그려져 있습니다. 하지만 실제로는 상동 재조합이라는 현상에 의해, 짝을 이룬 염색체 사이(그림의 빨간색과 파란색 짝, 초록색과 노란색 짝 사이)에서 이리저리 뒤섞인 염색체가 난자와 정자에 들어가게 됩니다.

참고로 일란성쌍둥이는 예외입니다. 일란성쌍둥이의 경우에는 하나의 수정란에서 두 아이가 태어납니다. 따라서 부모에게서는 완전히 똑같은 복제 DNA를 물려받지요.

이란성쌍둥이라 해서 쌍둥이가 각각 다른 수정란에서 태어나는 경우도 있습니다. 이때는 쌍둥이가 아닌 평범한 형제와 마찬가지로 1/2의 유전정보를 공유합니다.

> **QUIZ 2의 정답** 1/2. 부모가 같은 형제는 1/2의 유전정보를 공유한다.※

※ 부모에게서 어떤 유전정보가 전해지느냐에 따라 1/2에서 조금씩 차이가 납니다.

불규칙한 특징을 만들어내는 DNA

제3장에서는 원래 목이 긴 기린과 짧은 기린이 있었을 경우를 예로 들어, '자연 선택으로 목이 긴 기린의 자손이 늘어난다'라는 이야기를 했지요.

자연 선택이 작용하려면 목이 긴 기린처럼 집단 안에서 유전되는 서로 다른 특징이 있어야 합니다. 그렇다면 이처럼 서로 다른 특징은 어디서 비롯된 것일까요?

사실은 아주 드물게 DNA의 유전정보가 변형되는 현상인 **돌연변이**가 일어나는 경우가 있습니다. 다만 이러한 돌연변이가 모두 자손에게 전해지지는 않는답니다.

예를 들어, 근육의 세포에서 일어난 돌연변이는 자손에게 전해지지 않습니다. **난자나 정자가 되는 세포에서 돌연변이가 생겨났을 때**에만 돌연변이를 일으킨 DNA가 자식에게 전해지고 자손에게 남겨질 가능성이 있습니다.※

돌연변이가 일어나면 어떻게 될까요? 돌연변이가 끼치는 영향은 'DNA의 어느 부분에 어떤 변이가 생겨나는지'에 따라 제각기 다릅니다.

아무런 영향을 주지 않는 돌연변이도 있을 수 있습니다. 한편으로 그 생물의 능력이나 생김새에 영향을 주는 돌연변이가 일어날 수도 있지요. 해를 끼치는 돌연변이가 일어났을 경우, 이러한 돌연변이를 가진 개체는 자손을 남기기 어렵기 때문에 자연 선택에 따라 사라지게 됩니다. 돌연변이 자체는 단순히 우연히 일어나는 것이므로 그 결과도 우연하게 정해집니다. 변이만으로 진화가 일어나는 것은 아니랍니다.

집단 안에서 유전되는 불규칙한 특징들은 과거에 돌연변이를 통해서 생겨난 것입니다. 그 결과, 제3장에서 설명한 자연 선택이 일어날 준비가 갖춰지고, 자연 선택에 따라서 진화가 일어나지요.

　159페이지에서 두 사람이 가진 DNA에는 약 0.1%의 차이가 있다는 말씀을 드렸습니다. 이 0.1%의 차이 또한 난자나 정자가 될 세포에서 돌연변이가 일어나 DNA의 뉴클레오타이드 서열이 달라지면서 생겨난 차이가 자손에게 대물림된 결과입니다.

※ 동물의 경우는 난자나 정자, 그 외에 몸을 구성하는 세포가 뚜렷하게 구별되어 있지만 식물은 구별이 그다지 뚜렷하지 않습니다. 그렇기 때문에 식물의 경우는 난자나 정자에 해당하는 세포가 아닌 다른 세포에서 일어난 돌연변이가 자손에게 전해지기도 합니다.

유전에 대한 이야기는 어렵지만 그래도 재미있어~

맞아! 유전은 놀라울 정도로 정교하게 짜여 있는 시스템이지! 다음 장에서도 유전에 대한 이야기가 나올 테니까 모르겠으면 이번 장을 다시 읽어보렴

칼럼

DNA, 유전자, 염색체, 게놈이란?

'DNA', '유전자', '염색체', '게놈'이라는 말은 흔히 비슷한 뜻으로 사용하기도 합니다. 실제로는 아래와 같이 서로 다른 것을 가리킵니다.

DNA 뉴클레오타이드가 이어지면서 생겨난 물질의 화학적 명칭입니다.

유전자 DNA 안의 어떤 정해진 부분으로, 물질이 아니라 그 부분의 **뉴클레오타이드 서열이 갖는 정보**를 가리킵니다. 유전자 부분은 DNA에서 RNA로 전사되어 생물의 기능을 담당합니다. 대부분의 DNA는 RNA로 전사되고 단백질로 번역된 후에야 자신이 할 일을 합니다(→157페이지). 하지만 한편으로는 번역되지 않은 채 RNA의 형태 그대로 작용하는 유전자도 있습니다.

염색체 대부분의 진핵생물에서 한 세포 안의 DNA는 수십 가닥으로 나뉜 상태로 존재합니다. 이 DNA 한 가닥 한 가닥에 다양한 단백질이 달라붙은 것을 염색체라고 부릅니다. 사람의 경우 23개의 염색체 두 벌, 합쳐서 46개의 염색체를 갖고 있습니다.

게놈(유전체) 생물을 구성하는 **모든 유전정보**를 가리킵니다. DNA의 뉴클레오타이드 서열을 가리키지만, 물질이 아니라 그에 따라 나타나는 유전정보에 초점을 맞춘 용어입니다.

제10장 부모와 자식이 닮은 이유는 무엇일까?

왕개미의 일개미와 여왕개미.
가운데 큰 개체가 여왕개미, 주변 작은 개체가 일개미

chapter 11

제 11 장

협동의 진화

일개미와 여왕개미의 생김새가 다른 이유는 무엇일까?

제10장에서는 유전의 원리와 구조에 대해 설명했습니다. 유전의 원리를 알면 일개미처럼 얼핏 자신의 자손을 남기기에 유리하지 않을 듯한, 자연 선택으로는 설명하기 어려운 생물의 특징에 대해서도 '왜 이렇게 진화한 것인지' 쉽게 이해할 수 있답니다.

※ 실제로는 일개미와 여왕개미의 모습이 비슷하게 생긴 개미도 많습니다.

제 11 장 일개미와 여왕개미의 생김새가 다른 이유는 무엇일까?

대부분의 경우 여왕개미는 하나의 개미집에 아주 적은 숫자밖에 없으며 오로지 알만 낳습니다. 한편으로 일개미는 무척이나 많은데, 집짓기나 사냥, 여왕개미가 낳은 알이나 애벌레 돌보기 등 온갖 일을 도맡아 하지만 기본적으로는 알을 낳지 않지요.

이처럼 **일부 개체만이 자손을 남기고, 나머지는 자신의 자손을 남기지 않는 대신 도우미를 맡는 생태**를 **진사회성**이라고 부릅니다.

어디까지나 역할이 다를 뿐 여왕개미와 일개미는 같은 종으로, 일개미는 모두 그 개미집의 여왕개미가 낳은 자식입니다. 개미 사회에서 이처럼 잘 발달한 협력관계가 진화한 까닭을 이해하려면 이 사실이 무척이나 중요하지요.

그럼 어째서 일개미는 알을 낳지 않는 걸까요? 제3장에서는 '적응도가 높은(많은 자손을 남기는) 개체의 자손이 미래로 이어진다'라는 이론인 자연 선택에 대해 소개했습니다. 알을 낳지 않는 일개미는 자연 선택과 모순되는 것처럼 보이지만, 자연 선택에는 조금 더 복잡한 사정이 있습니다. 그것을 이해하기 위한 핵심 단어는 바로 '**친족 선택**'입니다.

친족 선택이란 과연 무엇인지, 이번 장에서 자세히 살펴보도록 하겠습니다.

왕개미

ANSWER

개미는 진사회성을 통해 역할 분담이 발달했기 때문이다.

진사회성? 어쩐지 어려울 것 같아

걱정 마! 천천히 설명해줄 테니까

역할이 서로 다른 일개미와 여왕개미

개미 사이에서 역할 분담이 어떻게 발달했는지 자세히 살펴봅시다. 앞 페이지의 사진은 우리 주변에서 흔히 볼 수 있는 왕개미입니다. 사진 왼쪽에는 덩치가 커다란 여왕개미가 있지요. 여왕개미는 개미집 안에 사는 모든 일개미들의 어머니로, 오로지 알만 낳는 역할을 합니다. 왕개미의 여왕개미는 하나의 개미집에 한 마리밖에 없지만, 개미의 종류에 따라서는 한 마리일 때도 있고 여러 마리일 때도 있답니다.

사진 속 여왕개미의 주변에 있는 작은 개미들은 일개미입니다. 개미집 안이나 그 주변에 많이 살고 있는데, 여왕개미에게 먹이를 가져다주거나, 집을 고치거나, 사냥을 하거나, 알이나 애벌레를 돌보는 등 다양한 일을 맡고 있지요. 일개미는 모두 암컷이지만 기본적으로는 자손을 남기지 않습니다. 개미의 종에 따라서는 일개미 중에서도 덩치나 턱 힘 등에 따라 둘 이상의 종류로 나뉘기도 합니다.

개미집 안에서는 다음 세대의 여왕개미도 태어납니다. 아래쪽 사진도 똑같은 왕개미로, 사진에서 오른쪽이 앞으로 새로운 둥지의 여왕개미가 될 암컷 날개미(날개가 달린 개미)입니다. 날아서 자신이 태어난 개미집을 떠나, 왼쪽의 조금 작은 수컷 날개미와 짝짓기를 하지요.

암컷 날개미는 짝짓기가 끝나면 새로운 개미집을 만들어서 알을 낳고, 그 개미집의 여왕개미가 되어서 살아가기 시작합니다. 날개는 자

왕개미의 날개미. 왼쪽이 수컷, 오른쪽이 암컷(여왕개미)

신의 새 집을 짓기 시작했을 때 떼어버립니다. 첫 번째 사진(→168, 172페이지)에서 본 여왕개미에게 날개가 없었던 이유는 바로 그 때문이랍니다. 한편으로 수컷은 짝짓기가 끝나면 금세 죽어버립니다.

일개미가 여왕개미를 돕는 이유는?

생물의 진화에서는 '자손을 많이 남긴 개체의 특징이 다음 세대로 이어진다'라는 이론인 자연 선택이 중요합니다. 따라서 '자신은 자손을 남기지 않으면서 다른 개체의 번식을 돕는 성질'은 자연 선택으로 사라질 것만 같지요.

하지만 지금까지 봐왔듯이 개미들은 알을 낳는 여왕개미와 알을 낳지 않는 일개미로 역할이 나뉘어 있습니다. 어째서 개미들은 이렇게 진화한 걸까요? 그 이유를 설명해주는 것이 바로 **친족 선택**입니다.

제3장에서는 단순히 '자손을 남길 가능성'에 대해서만 생각했지만 친족 선택의 경우는 '부모나 형제 등, 피가 이어진 개체가 자손을 남길 가능성'에 대해서도 생각합니다. 친족 선택이란 **자기 자신의 자손은 물론, 형제자매의 자손까지 모두 합쳐서 더욱 많은 자손을 남길 수 있는 개체가 선택되는 것**을 말하지요.

예를 들어, 형제를 도울 경우를 생각해볼까요. 제10장에서 알아봤듯이 2배체 생물의 형제는 1/2의 유전정보를 공유합니다. 이때 친족 선택의 경우, '자신의 자식 한 마리'와 '형제의 자식 두 마리'는 동등하다고 생각합니다. 제3장에서 적응도를 설명했을 때는 자신의 자손에 대해서만 생각했지만(이것을 **직접 적응도**라고 합니다), 형제 등의 자손까지 포함해서 생각할 때는 **포괄 적응도**라고 부릅니다. 그리고 이 **포괄 적응도가 높아질 경우에는 진사회성처럼 특수한 생태가 진화하는 경우가 있습니다.**

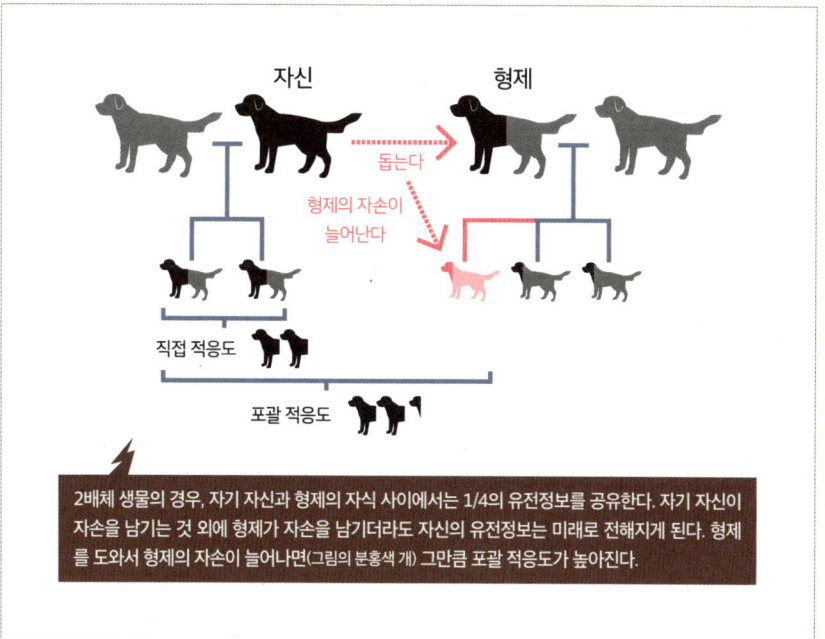

2배체 생물의 경우, 자기 자신과 형제의 자식 사이에서는 1/4의 유전정보를 공유한다. 자기 자신이 자손을 남기는 것 외에 형제가 자손을 남기더라도 자신의 유전정보는 미래로 전해지게 된다. 형제를 도와서 형제의 자손이 늘어나면(그림의 분홍색 개) 그만큼 포괄 적응도가 높아진다.

　개미의 경우는 일개미가 사냥을 하고 먹잇감을 구해오거나 집을 청소하는 식으로 여왕개미를 돕습니다. 그 덕분에 다음 세대의 여왕개미나 여러 수컷 개미들이 자라지요. 일개미에게 어머니인 여왕개미를 돕는 이러한 생태는 포괄 적응도를 높여주는 결과로 이어지므로, 진화 과정에서 먼 훗날까지 살아남을 확률이 높아집니다. 다시 말해 일개미 자신이 자손을 남기지 못하더라도 여왕개미를 돕는 생태는 여왕개미를 통해 다음 세대로 전해지는 셈입니다.

 개미와 벌의 '진사회성'에 숨은 비밀

　진사회성은 개미 이외에 벌에게서도 찾아볼 수 있습니다. 여왕벌과 일벌은 여왕개미와 일개미의 관계와 마찬가지로 역할이 나뉘어 있지요. 개미와 벌을 아우르는 벌목에서는 진사회성이 자주 발견되는데, 8회 이상의 진사회성 진화가 개별적으로 일어난 것으로 생각됩니다. 하지만 벌목을 제외한 다른 생물에서는 진사회성을 찾아보기 어렵습니다. 어째서 개미나 벌 무리에서만 진사회성이 자주 발견되는 걸까요?

진사회성의 특징은 잘 발달된 역할 분담입니다. 이 특징이 성립되기 어려운 이유는 돌연변이가 일어나 일개미(일벌)이면서 직접 자손을 남기는, 다시 말해 '배신'하는 개체가 생겨났을 경우에는 모두가 배신하는 개체로 변해버릴 위험성이 있기 때문입니다. 다른 모든 일개미들은 알을 낳지 않고 여왕개미를 돕고 있는데 어떤 일개미 한 마리가 여왕개미를 돕지 않고 스스로 알을 낳기 시작한다면 그 개체의 자손이 점점 늘어나겠지요. 그랬다간 여왕개미를 위해 일하는 개미는 점차 사라지고, 진사회성 집단은 무너지고 맙니다.

사실 벌목의 DNA가 다음 세대로 전해지는 구조는 매우 특이한데, 바로 이 구조 때문에 벌목에서 진사회성이 쉽게 발견되는 것으로 생각됩니다. 제10장에서는 '대부분의 생물은 설계도인 DNA를 두 벌 갖고 있다'라고 설명했습니다. 하지만 벌목의 경우 암컷은 두 벌의 DNA를 갖고 있지만, 수컷은 한 벌밖에 갖고 있지 않습니다(이것을 **반수 배수성**이라고 합니다). 암컷은 부모에게서 한 벌씩 DNA를 물려받고, 수컷은 어머니에게서만 한 벌의 DNA를 물려받지요.[※1] 이때 아버지가 가진 DNA는 한 벌밖에 없으므로 형제는 반드시 같은 DNA를 공유하게 됩니다. 한편 어머니에게서 전해지는 DNA는 두 벌 중 하나이기 때문에 암컷 자매 사이에서는 3/4의 유전정보를 공유하는 셈이지요.

한편 일개미가 배신하고 스스로 알을 낳을 경우에는 자신이 가진 유전 정보의 1/2만을 전달하게 됩니다. 따라서 **일개미에게는 자신의 새끼를 한 마리 늘리는 것보다 여왕개미를 도와서 여왕개미의 새끼, 다시 말해 자신의 자매 한 마리를 늘리는 편이 포괄 적응도가 더 높아집니다.** 무리를 배신하고 직접 알을 낳았을 때는 포괄 적응도가 오히려 낮아지기 쉬우므로 손해를 보는 셈이지요. 이것이 개미나 벌에게서 진사회성을 찾아보기 쉬운 이유라고 생각됩니다.

다만 엄밀히 말하자면 일개미의 입장에서 봤을 때 암컷 자매와는 3/4의 유전 정보를 공유하지만 수컷 형제와는 1/4밖에 공유하지 않습니다. 하지만 여왕개미의 입장에서 보자면 암컷 새끼와 수컷 새끼의 비율이 1:1[※2]을 이루게끔 진화하는 것이 가장 유리하지요. 이 경우, 일개미의 관점에서 보면 여왕개미의 새끼 한 마리당 평균적으로 1/2의 유전 정보밖에 전해지지 않는 셈이니 여왕을 돕더라도 이득이 되지 않습니다. 이때는 일개미의 관점에서 봤을 때 이득인 암수의 비율(암컷이 더 많음)과, 여왕개미의 관점에서 봤을 때 이득인 암수의 비율(1:1)이 달라지는 대립이 벌어집니다.

벌목에서는 다음 세대의 여왕개미가 수컷보다 많아서 일개미에게 이득인 방향으로 치우친 채 집단이 유지되는 사례가 많이 알려져 있습니다. 암수의 비율이 암컷으로 치우치는 원인은 일개미가 수컷의 알을 부수거나 일개미가 수컷만 돌보지 않아 죽게 내버려두기 때문입니다. 그 덕분에 일개미에게는 여왕개미를 돕는 편이 더 이득인 상황이 유지되는 것이지요.[※3]

여왕벌(중앙)과 주변에 있는 일벌들

제 11 장 일개미와 여왕개미의 생김새가 다른 이유는 무엇일까?

※1 벌목에서도 두 벌의 DNA를 가진 수컷이 발견되기도 합니다.
※2 제4장 '수컷과 암컷이 비슷한 비율로 태어나는 이유는?'을 봐주세요(→73페이지). 여기서 말하는 수컷과 암컷의 비율은 짝짓기를 해서 다음 세대를 남길 개체를 가리키므로 다음 세대의 수컷 개미와 여왕개미의 비율을 가리킵니다. 일개미는 여기에 속하지 않습니다.
※3 진사회성 생물이라도 반수배수성이 아닌 경우가 있습니다. 예를 들어, 흰개미는 개미와 달리 암컷과 수컷 모두 일개미가 될 수 있습니다.

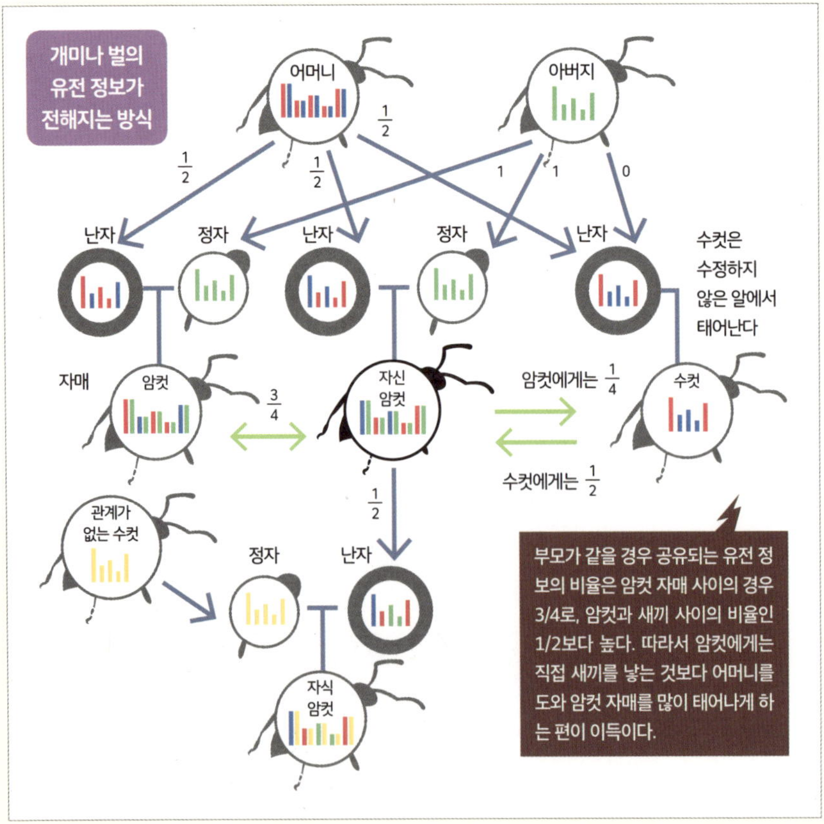

개미나 벌의 유전 정보가 전해지는 방식

어머니 — $\frac{1}{2}$ — 아버지

$\frac{1}{2}$ $\frac{1}{2}$ 1 1 0

난자 정자 난자 정자 난자

수컷은 수정하지 않은 알에서 태어난다

자매 암컷 ↔ $\frac{3}{4}$ ↔ 자신 암컷 ↔ 암컷에게는 $\frac{1}{4}$ ↔ 수컷

수컷에게는 $\frac{1}{2}$

관계가 없는 수컷 → 정자 난자 ← $\frac{1}{2}$

자식 암컷

부모가 같을 경우 공유되는 유전 정보의 비율은 암컷 자매 사이의 경우 3/4로, 암컷과 새끼 사이의 비율인 1/2보다 높다. 따라서 암컷에게는 직접 새끼를 낳는 것보다 어머니를 도와 암컷 자매를 많이 태어나게 하는 편이 이득이다.

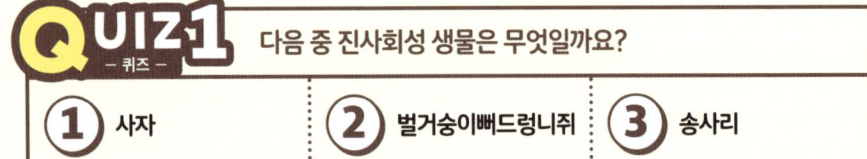

개미나 벌 말고도 진사회성을 가진 생물

QUIZ 1 — 퀴즈

다음 중 진사회성 생물은 무엇일까요?

① 사자　　② 벌거숭이뻐드렁니쥐　　③ 송사리

개미나 벌은 여왕개미·여왕벌과 일개미·일벌로 나뉘어 있어서 진사회성 생물로 통하지만 그 외에도 진사회성을 가진 생물이 있습니다. 곤충 중에서는 총채벌레류, 진딧물류, 갑각류 중에서는 딱총새우류에서 진사회성을 찾아볼 수 있다고 합니다.

벌거숭이뻐드렁니쥐는 땅속에 둥지를 만들어서 땅 위로는 올라오지 않고 식물의 뿌리 등을 먹으며 살아갑니다. 포유류에서는 보기 드문 진사회성 생물로, 개미나 벌처럼 역할이 나뉘어 있는 집단을 형성해서 여왕만이 새끼를 낳습니다. 여왕은 보통 둥지 안에 한 마리밖에 없습니다. 무척 오래 살기로도 유명한데, 28년 넘게 살았다는 기록이 있을 정도랍니다.

땅속 둥지에서 지내는 진사회성 포유류인 벌거숭이뻐드렁니쥐

QUIZ 1의 정답 벌거숭이뻐드렁니쥐

동물이 자신을 희생해가며 동료를 돕는 이유는?

지금까지 친족 선택이라는 이론에 따르면 피가 이어진 개체를 돕는 생태는 이해할 수 있다고 설명했습니다.

그렇다면 피가 이어지지 않은 경우에는 어떨까요? 예를 들어, 박새 무리에서는 천적인 매 등의 맹금류가 나타나면 가장 먼저 알아차린 개체가 큰 소리를 내서 주변에 알립니다. 하지만 그러기 전에 먼저 자신만 도망치는 편이 낫지 않을까요? 소리를 냈다간 눈에 띄는 행동을 한 자신이 먹이가 될 확률이 더 높아질 테니 생존에 불리하지 않을까요?

박새 무리는 피가 이어진 부모 자식이나 형제만으로 이뤄진 무리가 아니기 때문에 친족 선택으로도 완벽하게 설명할 수 없습니다.

하지만 실제로 박새 무리는 서로서로 돕는 것처럼 보입니다. 이유가 무엇일까요? 여기에 대답하기 전에, 우선 협력과 배신의 눈치싸움에 대해 생각해보겠습니다.

2인조 도둑 A와 B가 붙잡혀서 각자 다른 경찰에게 조사를 받고 있습니다. 가벼운 죄의 증거밖에 없기 때문에 두 사람 모두 입을 다물면 두 사람 모두 징역 1년으로 끝난다는 사실을 알고 있습니다.

그런데 둘 중 하나가 자백하면 자백한 쪽은 수사에 협력한 보답으로 바로 풀려나고, 입을 다물고 있었던 쪽은 징역 5년을 받게 됩니다. 한편으로 두 사람 모두 자백하면 두 사람 모두 징역 3년을 받게 됩니다.

이때 도둑에게는 동료를 배신하고 자백하는 것과 자백하지 않는 것, 어느 쪽이 더 이득일까요?

도둑A \ 도둑B	잠자코 있는다 (협력한다)	자백한다 (배신한다)
잠자코 있는다 (협력한다)	두 사람 모두 징역 1년	B는 석방 A는 징역 5년
자백한다 (배신한다)	A는 석방 B는 징역 5년	두 사람 모두 징역 3년

먼저 동료가 자백하지 않고 잠자코 있었을 경우를 생각해보겠습니다. 이때는 자신이 자백한다면 바로 풀려날 수 있습니다. 자신도 잠자코 있으면 징역 1년이니 자백하는 편이 이득이겠지요.

다음으로 만약 동료가 배신하고 자백한다면 어떨까요? 만약 자신만 잠자코 있다간 징역 5년을 받게 됩니다. 자신도 자백했을 때는 징역 3년이 될 테니 그나마 낫습니다. 그러니 이때도 자백하는 편이 이득입니다. 두 사람 모두 자신에게만 이득이 되는 선택을 한다면 두 사람 모두 자백하게 될 테니 징역 3년을 받게 되겠지요.

두 사람 모두 입을 다물어서 징역 1년을 받는 편이 서로에게는 이득일 텐데도 각자가 당장 이득이 되는 선택지를 고르면 두 사람 모두 도리어 손해를 본다는 사실을 알 수 있습니다. 이것은 경제학의 한 분야인 게임 이론에 나오는 **죄수의 딜레마**라고 하는 문제지만 생물학과도 깊은 관련이 있답니다.

> **QUIZ 2의 정답** 동료를 배신하고 자백하는 편이 이득이다.

모두가 힘을 합쳐서 싸운다면 물리칠 수 있는 천적인데 집단 안에서 배신하는 개체가 나타난다면 어떻게 될까요? 다른 모두가 싸우고 있는 사이에 자신만 배신하고 도망치는 편이 이득이라면 배신하는 개체가 더 많은 자손을 남길 테고, 협력하는 개체는 자연 선택에 따라 사라지겠지요. 그럼 역시나 친족 관계가 아니면 힘을 합치기란 불가능한 걸까요?

사실은 **친족 관계가 아니더라도 협력하는 편이 이득인 경우가 있다**는 사실이 알려져 있습니다. 예를 들어, 위에서 나온 죄수의 딜레마의 예는 한 번만 협력하거나 배신하는 경우입니다. 하지만 컴퓨터로 시뮬레이션해보자 이러한 일이 여러 번 반복되고, 상대가 지난번에 어떤 행동을 했는지 기억할 수 있다는 조건에서는, 매번 배신하는 전략이 아니라 **보복 전략**이 가장 이득을 보는 선택이라는 결과가 나왔습니다. 바로 다음과 같은 전략이지요.

① 우선은 협력하고, 상대방도 협력한다면 그대로 서로 협력한다.
② 반대로 만약 상대가 배신자라는 사실을 알았다면 자신도 배신한다.

실제 상황은 이렇게 단순하지 않으며 생물이 어떤 식으로 협력하는지에 대해서도 아직 밝혀지지 않은 부분이 많지만, 이처럼 다른 분야의 이론이 진화를 이해하는 데 도움을 주기도 한답니다.

에필로그

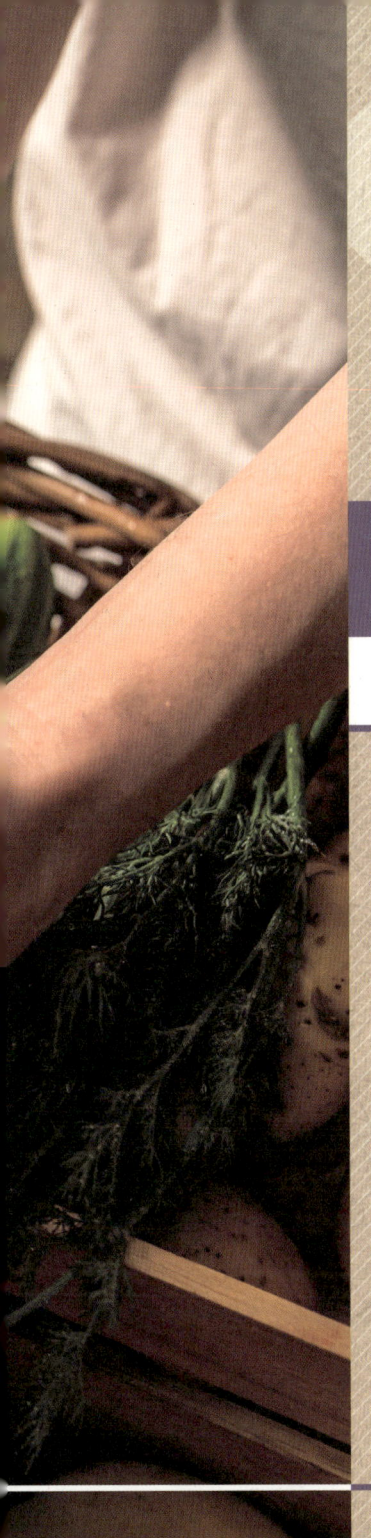

에필로그

진화와의 만남

진화를 우리 주변에서 느껴보자!

이 책을 통해 생물의 진화에 대한 여러 가지 사실을 배웠습니다. 우리 주변에는 수많은 생물이 살고 있습니다. 이들은 모두 지금까지 이야기했던 진화를 거친 생물들이지요. 이처럼 우리 주변에서 볼 수 있는 진화의 사례를 살펴보겠습니다.

에필로그

진화를 우리 주변에서 느껴보자!

  이 책을 통해 진화에 대한 여러 가지 사실을 배웠습니다.

    소개해드린 생물은 대부분 우리 주변에서 찾아볼 수 없거나 좀처럼 접하기 어려운 생물이었지요. 그래서 이 책의 내용도 어쩐지 우리와는 거리가 먼 일처럼 느껴졌을지도 모릅니다. 하지만 우리 주변의 생물들도 모두 진화라는 과정을 거치면서 지금의 형태로 변한 것이랍니다.

    먼 외국이나 깊은 산속, 혹은 동물원이나 수족관에 가지 않더라도 우리 주변에는 수많은 생물이 살고 있습니다. 슈퍼마켓에서도, 가까운 공원에서도 다양한 생물을 찾아볼 수 있지요.

    마지막으로 이렇게 우리 주변에서 찾아볼 수 있는 진화를 소개하겠습니다.

 슈퍼마켓이나 공원에서도 진화를 찾아볼 수 있다고?

맞아! 같이 나가서 진화를 느껴보자!

생선가게에 가보자

  우리 주변에 있으면서 수많은 종류의 생물을 찾아볼 수 있는 곳. 그중 하나가 바로 생선가게입니다. 슈퍼마켓의 생선 코너라도 상관없답니다.

    생선가게에는 여러 바다 생물이 진열되어 있습니다. 물고기에는 다양한 종류가 있고 생김새도 저마다 가지각색이지만 자세히 보면 기본적인 구조는 모두 똑같습니다. 생김새가 크게 다른 두 종류의 물고기라도 지느러미나 아가미, 눈, 입 등 각각의 부위가 모두 있다는 사실을 알 수 있지요. 한편으로 조개나 새우는 물고기와 전혀 형태가 다릅니다.

다른 종의 두 물고기를 놓고 지느러미 등의 기관을 비교해보며 상동성(→제6장)을 떠올려보세요. 물고기라 하면 지금까지는 먹거리로만 생각했지만 생물이라 생각하고 차분하게 관찰해보면 어마어마하게 긴 진화의 역사를 느낄 수 있을 테니까요.

다양한 바다 생물이 진열된 생선가게

생선가게에서 발견할 수 있는 '카운터 셰이딩'

제5장에서 소개했듯 등 쪽이 어둡고 배 쪽이 밝은 형태인 카운터 셰이딩은 바닷속에서 잘 눈에 띄지 않게 해줍니다.

이는 수렴진화(→제5장)를 통해 여러 바다생물이 손에 놓은 특징으로, 생선가게에서 팔리는 생선에서도 쉽게 발견할 수 있습니다. 카운터 셰이딩을 지닌 물고기를 찾아서 관찰해봅시다.

사진은 전갱이. 전갱이나 정어리, 고등어, 꽁치 등 흔히 말하는 등 푸른 생선은 등 쪽이 푸르스름한 색, 배 쪽이 은색을 띠고 있다

에필로그 진화를 우리 주변에서 느껴보자!

눈이 옆에 달린 가자미를 관찰해보자

가자미는 몸 왼쪽을 바다 밑바닥에 붙이고 옆으로 누운 채 살아갑니다. 다른 물고기는 양쪽에 눈이 하나씩 있는데 가자미는 이런 생활에 맞게 두 눈이 모두 오른쪽에 쏠린 별난 생김새를 하고 있지요. 이렇게 별나게 생겼어도 기본적인 몸의 구조는 다른 평범한 물고기와 똑같답니다.

생선가게에서 찾아볼 수 있는 물고기의 대부분은 경골어류에 속해 있는데 그중 대부분은 곧이어 설명할 지느러미가 있습니다. 몸의 좌우로 한 장씩 달린 가슴지느러미와 배지느러미, 몸 위쪽 정 중앙에 붙어 있는 등지느러미, 뒷지느러미, 그리고 꼬리지느러미가 있지요. 가자미에게도 이러한 지느러미가 있으니 어느 지느러미가 무슨 지느러미인지 비교해보세요.

각각의 지느러미는 어떻게 생겼으며 다른 물고기와 비교하면 어떤 특징이 있을까요? 그 차이는 가자미가 헤엄치는 방식이나 생태와 무슨 관련이 있을까요? 생각해봅시다.

가자미(위)와 농어(아래). 대부분의 경골어류는 좌우로 한 장씩 있는 가슴지느러미와 배지느러미, 몸 위쪽 정 중앙에 붙어 있는 등지느러미, 뒷지느러미, 꼬리지느러미가 있다

슈퍼마켓 채소 코너에 가보자

슈퍼마켓 채소 코너에 가보면 고구마와 감자 같은 알뿌리 식물을 쉽게 찾아볼 수 있습니다. 다양한 알뿌리 식물을 비교해보며 어떤 공통점이나 다른 점이 있는지 생김새를 관찰해보세요.

비교해보면 모두 알뿌리가 빵빵하게 부풀어 있습니다. 알뿌리란 식물의 줄기나 뿌리 등의 부분이 덩어리진 것을 가리키는데, 기본적으로 땅속에서 발달하는 이 구조는 식물의 몸 일부가 커져서 영양분을 저장한 모습입니다.

한편 생김새는 비슷하더라도 알뿌리를 만들어내는 식물이 어떤 그룹에 속해 있는지, 어느 부분이 알뿌리가 되는지에 따라 종류가 다르답니다.

예를 들어, 감자는 가지과로, 우리가 먹는 부분은 '**덩이줄기**'라고 합니다. 땅속줄기의 일부가 커진 모습이지요. 반면 고구마는 나팔꽃과로, 우리가 흔히 먹는 부분은 '**덩이뿌리**'라고 해서 뿌리의 일부가 커진 모습입니다.

에필로그 — 진화를 우리 주변에서 느껴보자!

알뿌리(덩이줄기) / 뿌리 / 감자

알뿌리(덩이뿌리) / 뿌리 / 고구마

다시 말해 감자와 고구마의 '알뿌리'는 상동기관이 아닙니다. 감자와 고구마는 진화 과정에서 다른 부위를 발달시켜 제각기 '알뿌리'를 만들어낸 수렴진화의 구체적인 사례지요.

강아지풀과 조를 비교해보자

제9장에서는 강아지풀과 조가 비슷한 친척 사이라는 사실을 알려드렸습니다. 여기서는 실제로 강아지풀과 조를 비교해보며 어떤 차이가 있는지 알아보겠습니다.

강아지풀

조

준비물

- 새 모이로 판매되는 조 이삭.
- 씨앗^{※1}이 충분히 무르익은 강아지풀 이삭.
- 자, 저울, 모아놓은 씨앗을 얹어놓을 접시.

관찰 방식

- 겉모습은 강아지풀의 이삭 쪽이 더 폭신폭신해 보입니다. 바늘처럼 생긴 털 때문이지요. 자세히 살펴보면 이 털은 조에도 있습니다.

- 이삭의 길이, 굵기가 어느 정도로 다른지 자로 재봅시다. 이삭은 조가 더 굵고 깁니다. 그만큼 하나의 이삭에 많은 씨앗이 달려 있습니다.
- 이삭에서 씨앗을 떼어낼 때 어느 쪽이 더 떼어내기 쉬운가요? 이삭을 털어서 씨앗이 떨어지는지 아닌지 시험해봅시다. 털어보면 강아지풀이 더 잘 떨어집니다.[2]
- 이삭 하나에서 얻을 수 있는 씨앗의 무게를 재봅시다. 각 이삭에서 모은 모든 씨앗을 접시에 얹어놓고 저울에 올려서 무게를 재보세요. 한 이삭에 달린 씨앗의 총 무게가 더 무거운 쪽은 조라는 사실을 알 수 있습니다.

※ 1 여기서는 씨앗이라 부르지만 정확하게는 낟알입니다. 강아지풀과 조의 씨앗은 낟알 안에 있습니다.
※ 2 강아지풀이 충분히 무르익지 않았을 때는 씨앗이 잘 떨어지지 않을 수도 있습니다.

숨어 있는 생물을 찾아보자

공원이나 하천부지에 자라난 풀 등, 우리 주변에서도 의태(→제8장)하는 생물이 있습니다. 찾으러 나가봅시다.

흔히 자벌레라 부르는 자나방류 나방의 애벌레 중에는 식물의 가지나 새싹으로 의태하는 것이 있습니다. 왼쪽 아래 사진의 중앙에는 뽕나무가지나방의 애벌레가, 오른쪽 아래 사진의 중앙에는 흰줄푸른자나방의 애벌레가 각각 숨어 있습니다.

나뭇가지로 의태한 뽕나무가지나방

새싹으로 의태한 흰줄푸른자나방

풀로 의태한 방아깨비

개미로 의태한 각시개미거미

왼쪽 위 사진의 중앙에는 벼과 풀로 의태한 방아깨비가 숨어 있습니다.

왼쪽 아래 사진의 생물은 개미가 아니라 사실은 각시개미거미라는 거미입니다. 개미거미 무리는 몸이 개미와 닮았을 뿐만 아니라, 첫 번째 다리를 더듬이처럼 들어서 마치 다리 여섯 개로 걷는 듯한 모습까지 개미와 꼭 닮았지요. 개미는 강한 턱과 개미산이라는 독이 있어서 작은 생물에게는 위험한 곤충입니다. 개미거미가 개미로 의태하는 것은 포식자로부터 몸을 지키는 데 도움을 주는 베이츠 의태(→129페이지)라고 생각됩니다.

우리 주변에는 그 외에도 의태하는 생물이 많습니다. 도감을 펼쳐서 찾아보세요.

닭 날개로 만들어보는 골격 표본

제6장에서는 닭의 날개와 사람의 팔이 상동기관이라는 사실을 소개했습니다. 닭 날개로 골격표본을 만들어서 자신의 팔과 비교해봅시다.

준비물

닭 날개 외에는 모두 1000원 마트에서 살 수 있습니다.

- 닭 날개(예비용까지 포함해서 두 개 이상)
- 밀폐용기
- 틀니 세정제
- 핀셋(끝부분이 가느다란 것)
- 칫솔

- 미용가위 등의 작은 가위
- 소독용 과산화수소수
- 키친타월
- 랩 혹은 알루미늄포일
- 순간접착제

골격 표본을 만드는 법

1. 닭 날개를 삶아서 되도록 남김없이 살을 발라먹습니다. 그리고 다시 약한 불로 삶아서 뼈 안의 기름을 제거합니다. 예비용 닭 날개는 관절을 떼어내지 말고 냉동실에 보관하세요.
2. 뼈를 밀폐용기에 넣고 물을 채운 후 틀니 세정제를 섞어서 하루 동안 놔둡니다. 부드러워진 살이나 인대, 물렁뼈 등을 핀셋이나 가위로 잘라낸 후 칫솔로 깨끗하게 닦아냅니다.
3. 뼈를 과산화수소수에 담가놓고 하룻밤이 지났으면 물로 헹굽니다. 키친타월로 물기를 닦아낸 후 랩이나 알루미늄포일 위에 놓고 말립니다.
4. 깨끗해진 뼈를 냉동실에 보관해놓았던 예비용 닭 날개를 참고해 순간접착제로 조립하면 완성입니다!

알 수 있는 사실은?

왼쪽 사진이 닭 날개, 오른쪽 사진이 사람 팔의 골격 표본입니다. 위팔뼈, 노뼈, 자뼈가 어디에 있는지 골격 표본을 관찰하거나 자신의 팔을 만져서 확인해봅시다. 닭의 날개와 사람의 팔은 구성하는 뼈가 서로 짝을 이루기 때문에 상동기관임을 알 수 있습니다. 한편으로 뼈의 생김새나 상대적인 크기가 다른 것은 기능적인 차이가 반영된 결과입니다.

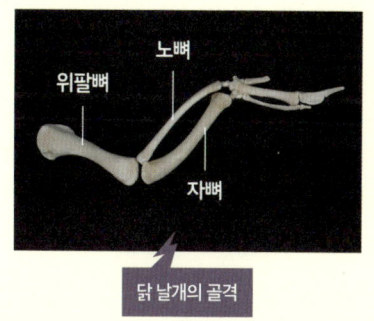

닭 날개의 골격

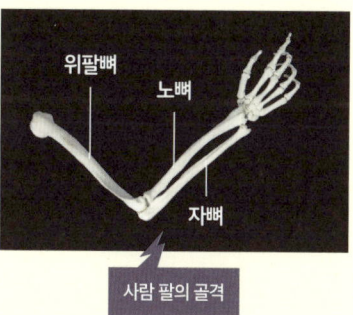

사람 팔의 골격

마치며

우리 주변에는 수많은 생물이 있습니다. 우리 사람도 생물이고, 전선에 앉아 있는 참새도, 마당에 자라난 토끼풀도, 땅굴을 파고 다니는 지렁이도, 아침에 먹은 요거트 안에 있는 유산균까지 모두가 생물이지요.

이들 생물은 어느 한 종만 보더라도 무척이나 정교하게 만들어져 있습니다. 자세히 관찰해보면 그 생물이 얼마나 정교한 구조를 이용해 효율적으로 살아가는지 놀라실 겁니다.

이렇게 하나만 봐도 굉장한데 지구상에는 어마어마하게 많은 숫자의 다양한 생물이 곳곳에서 살아가고 있답니다.

그렇다면 그렇게 '굉장한' 생물들은 어떻게 생겨난 걸까요? 그렇습니다, 이처럼 굉장한 생물들은 누군가가 설계한 것이 아니라 바로 진화를 통해 생겨난 결과입니다.

'말랑폭신 생물학'은 인기 게임의 세계를 생물학의 관점에서 생각해보는 영상이나 다른 연구자와의 토론 영상 등을 통해서 생물이 얼마나 굉장한지, 이런 생물을 낳은 진화라는 현상이 얼마나 재미있는지를 전해왔습니다.

한편으로 영상만으로는 진화생물학의 정수를 올바르게 전달하는 데에는 한계가 있었지요. 진화생물학은 비교적 친숙한 분야지만 진화는 무척이나 오랜 세월에 걸쳐서 일어나는 경우가 많기 때문에 그 전체적인 모습을 상상하기란 어려운 일이며 오해를 사는 경우도 많습니다.

그래서 저희는 독자 여러분이 진화를 친근하게 받아들일 수 있게끔 우리 주변의 사소한 의문에 대해서 알려드리는 것부터 시작해 진화생물학의 진수를 '말랑말랑하게' 알려드리고자 이 책을 썼습니다.

지구상의 생물은 모두 진화의 산물입니다. 우리 주변의 모든 생물, 모든 생명 현상은 모두 40억 년이라는 아득히 긴 세월을 거치며 진화해온 것이지요. 진화생물학의 발전에 큰 공을 세운 테오도시우스 도브잔스키(유전학자·진화생물학자)는 "진화라는 빛을 받지 않는다면 생물학의 그 어떤 것도 의미가 없다(Nothing in biology makes sense except in the light of evolution)"라는 말을 남겼습니다. 이 말이 가리키듯, 생물을 대할 때는 항상 진화에 대해 생각해야 합니다.

  이 책을 통해 어떤 생물이든 장대한 진화의 역사가 숨어 있다는 사실을 느끼셨기를 바랍니다. 우리 주변의 생물을 바라볼 때, 그 생물이 어떠한 구조이며 어떠한 진화를 거친 결과 지금의 모습이 되었는지에 대해 생각할 수 있게 된다면 일상생활이 한층 즐거워지지 않을까요.

  수수께끼를 풀어보듯 주변의 생물을 바라보다 보면 여러분 스스로 진화생물학의 새로운 발견에 성공할 날이 올지도 모르니까요.

미카미 도모유키(미카밍)

말랑폭신 생물학 일동

저자 소개

미카미 도모유키 / 미카밍

1993년 일본 히로시마현 히로시마시 출생. 일본 국립과학박물관 지학연구부. 일본 학술진흥회 특별연구원(PD). 제21회(2010년)·제22회 국제생물학 올림픽(2011년)에서 은메달 수상. 도쿄대학교 이학부 생물정보과학과를 졸업한 후 도쿄대학교 대학원 이과연구과에서 생물과학을 전공해 이학박사 학위를 취득했다. 손정의 육영재단 1기생. 국제생물학 올림픽 일본위원회 위원. 전문 분야는 진화생물학과 고생물학으로, 암모나이트나 툴리 몬스터 등 다양한 화석을 연구하고 있다. 공동 집필한 저서로는 『あつまれ どうぶつの森 島の生きもの圖鑑(모여라 동물의 숲-섬 생물 도감)』이 있다.

구리하라 사오리 / 마론 누나

2010년에 국제생물학 올림픽에서 금메달 수상, 2011년에 국제화학 올림픽에서 은메달 수상. 도쿄대학교 이학부 생물정보과학과를 졸업한 후 도쿄대학교 대학원 이과연구과에서 생물과학을 전공해 석사과정을 마쳤다. 생물의 생김새에 매료되어 생물정보과학적 접근법에 따른 진화발생생물학 연구나 '오른손잡이 뱀'으로 널리 알려진 달팽이뱀류의 형태 측정을 이용한 연구를 진행했다.

구로키 겐 / 구로킨

국제기독교대학교 교양학부 아츠사이언스학과 졸업. 도쿄대학교 대학원 이과연구과에서 생물과학을 전공해 석사과정을 마쳤다(지금은 박사과정 재학 중). 바이오인포머틱스(생명정보과학)와 관련해 연구하고 있다. 유전체 서열 분석, 기계 학습, 영상 해석뿐 아니라 현재는 야외에서 식물의 표현형을 계측하기 위한 드론 등의 센싱 기술도 취급하고 있다. 기초연구와 응용연구, 대학과 민간 기업 등, 분야와 주체를 초월한 활동을 모색 중이다. 주식회사 Quantomics 대표이사. TOEIC 990점.

사카모토 리사 / 와케와카메

고등학교 3학년 때 국제생물학 올림픽에서 은메달 수상. 생물학을 철저히 공부하기 위해 오차노미즈여자대학교 이학부 생물학과에 진학했다. 생물의 형태가 지닌 재미와 다양성에 이끌려 일본 지바현 다테야마시에 위치한 임해실험소에서 숙식하며 졸업 연구 과제로 성게의 발생을 연구했다. 이후로 생물의 형태를 연구하기 위해 도쿄대학교 대학원 농학생명과학연구과에 진학, 박사학위를 취득했다. '생물 외관의 영상 해석에 근거한 정량화와 게놈 와이드 다형과의 관련 연구'를 주제로 유전체 자료와 영상 자료를 활용한 품종개량 연구에 몸담았다.

사코노 다카히로 / 사콧치

1994년 일본 야마구치현 시모노세키시 출생. 도쿄대학교 농학부 졸업 후, 도쿄대학교 대학원 농학생명과학연구과에서 응용동물과학을 전공해 농학박사 학위를 취득했다. 파워포인트 그림, 골격표본·박제 제작, 곤충식, 계곡 하이킹, 고문서 해독 등 다양한 취미가 있다. 주로 양서류를 좋아해서 현재 알려져 있는 일본의 개구리 52종 중 50종을 야생에서 관찰했다. 모두 직접 삽화를 그린 저서 『日本のカエル48 偏愛図鑑: 東大生・さこの君のフィールドノート(일본의 개구리 48 편애도감-도쿄대생 사코노 군의 필드노트)』는 일본 전국학교도서관 협의회 선정 도서로 선정되었다.

마인

나고야대학교에서 이학을 전공했다. 모델이 된 생물 중 하나인 선충의 아름다움과 연구 소재로서의 매력에 사로잡혀 졸업 연구 과제로 선충을 이용한 분자 관련 연구를 진행했다. 발생생물학도 좋아해서 연구실에서 아르바이트를 했던 적이 있다. '말랑폭신 생물학'의 영상 편집 담당으로, 생방송 편집 영상부터 실제 인물이 출연한 영상까지 폭넓게 다루고 있다. 최근에는 식물의 이름을 찾아내는 게임을 제작하고 있다.

미야모토 도루 / 록키

1995년 일본 지바현 후나바시시 출생. 도쿄대학교 대학원 이과연구과 부속 식물원(고이시카와 식물원)에 소속된 박사과정 대학원생. 일본 학술진흥회 특별 연구원(DC1). 지바대학을 졸업한 후, 도쿄대학교 대학원에서 이학석사 학위를 취득했다. 생물분류기능검정 2급(식물) 보유 중. 어렸을 때부터 생물도감에 푹 빠져서 생물 이름을 줄줄 읊는 데 기쁨을 느끼는 생물애호가. 대학원에서는 다양한 식물과 그 꽃에 모여드는 곤충의 공생관계에 대해 연구하고 있다. 학부생 시절에는 드럼 강사로 일했던 경험이 있다. 일본어, 중국어, 영어까지 총 3개 국어에 능통하다.

참고문헌

전체

- 『Evolution: Making Sense of Life』 / carl zimmer, douglas J. emlen / W. H. Freeman
- 『캠벨 생명과학』 / Lisa A. Urry 외 지음 / 바이오사이언스
- 『The Tangled Bank: An Introduction to Evolution』 / carl zimmer / Roberts and Company

제1장 진화란 무엇일까?

- 『Evolution of Fossil Ecosystems』 / Paul Selden, John Nudds / CRC Press
- 『化石の植物学: 時空を旅する自然史(화석의 식물학: 시공을 여행하는 자연사)』 / 니시다 하루후미 지음 / 도쿄대학출판회

제2장 생물의 계통

- 『動物の系統分類と進化(동물의 계통 분류와 진화)』 / 후지타 도시히코 지음 / 쇼카보
- 『陸上植物の形態と進化(육상 식물의 형태와 진화)』 / 하세베 미쓰야스 지음 / 쇼카보
- 『植物の系統と進化(식물의 계통과 진화)』 / 이토 모토미 지음 / 쇼카보
- 『生物を分けると世界が分かる : 分類すると見えてくる、生物進化と地球の変遷(생물을 분류하면 세계를 알 수 있다: 분류하면 보이는 생물 진화와 지구의 변천)』 / 오카니시 마사노리 지음 / 고단샤
- 『Describing Species』 / Judith Winston / Columbia University Press

제3장 자연 선택

- 『The origin Then and Now: An Interpretive Guide to the origin of Species』 / David N. Reznick / Princeton University Press
- 『The Ecology of Adaptive Radiation』 / Dolph Schluter / Oxford University Press
- 『종의 기원』 / 찰스 로버트 다윈 지음 / 사이언스북스

제4장 성과 진화

- 『개미와 공작: 협동과 성의 진화를 둘러싼 다윈주의 최대의 논쟁』 / 헬레나 크로닌 지음 / 사이언스북스
- 『수리생물학 입문: 생물사회의 다이나믹스를 탐구한다』 / 이와사 요 지음 / 부산대학교출판부
- 『交尾行動の新しい理解 : 理論と実証(교미행동의 새로운 이해: 이론과 실증)』 / 가스야 에이이치, 구도 신이치 공동 편집 / 가이유샤

제5장 수렴진화

- 『哺乳類の進化(포유류의 진화)』 / 엔도 히데키 지음 / 도쿄대학출판회

제6장 상동

- 『Comparative Anatomy of the Vertebrates』 / George C. Kent, Robert K. Carr / McGraw-Hill Science/Engineering/Math

제7장 서로 다른 종 사이의 관계와 진화

- 『花と動物の共進化をさぐる : 身近な野生植物に隠れていた新しい花の姿(꽃과 동물의 공진화를 탐구하다: 우리 주변의 야생식물에 숨어 있는 새로운 꽃의 모습)』/ 종생물학회 편집, 가와키타 아쓰시 책임편집 / 분이치종합출판
- 『右利きのヘビ仮説(오른손잡이 뱀 가설)』/ 호소 마사키 지음 / 도카이대학출판회

제9장 인공 선택

- 『品種改良の日本史 : 作物と日本人の歴史物語(품종개량의 일본사: 작물과 일본인의 역사 이야기)』/ 우카이 야스오, 오사와 료 편집 / 유쇼칸
- 『品種改良の世界史(품종개량의 세계사)』/ 우카이 야스오, 오사와 료 편집 / 유쇼칸
- 『野菜園芸学の基礎: 農学基礎シリーズ(야채원예학의 기초: 농학 기초 시리즈)』/ 시노하라 유타카 지음 / 농산어촌문화협회
- 『作物学の基礎I 食用作物: 農学基礎シリーズ(작물학의 기초 I 식용작물: 농학 기초 시리즈)』/ 고토 유스케, 닛타 요지, 나카무라 사토시 지음 / 농산어촌문화협회
- 『Domesticated: Evolution in a Man-Made World』/ Richard C. Francis / W. W. Norton & Company
- 『The origin Then and Now: An Interpretive Guide to the origin of Species』/ David N. Reznick / Princeton University Press

제10장 진화에 숨겨진 사실

- 『필수세포생물학』/ Bruce Alberts 지음 / 라이프사이언스

제11장 협동의 진화

- 『生き物の進化ゲーム 大改訂版(생물의 진화 게임 대개정판)』/ 사카이 사토키, 다카다 다케노리, 도주 히로카즈 지음 / 교리쓰출판
- 『「行動・進化」の数理生物学('행동・진화'의 수리생물학)』/ 일본수리생물학회 편집, 세노 히로미 책임편집 / 교리쓰출판
- 『親子関係の進化生態学(친자 관계의 진화생태학)』/ 사이토 유타카 편저 / 홋카이도대학출판회
- 『社会性昆虫の進化生物学(사회성 곤충의 진화생물학)』/ 히가시 세이고, 쓰지 가즈키 편저 / 가이유샤

교열협력

青木 誠志郎／東京大学　　池田 貴史／京都産業大学　　石川 弘樹／東京大学
岩崎 渉／東京大学　　大塚 祐太　　今野 直輝／東京大学
重田 康成／国立科学博物館　　清水 健太郎／チューリッヒ大学
杉山 太一／東京大学　　鈴木 大地／筑波大学　　鈴木 誉保／東京大学
深野 祐也／千葉大学　　福島 健児／ヴュルツブルク大学　　藤岡 春菜／岡山大学
船本 大智／東京農業大学　　細 将貴／早稲田大学　　松井 求／東京大学
三上 恭彦／広島県立広島国泰寺高等学校　　三中 信宏／東京農業大学
宮本 知英／東北大学　　山内 駿／東京大学　　山本 達紘／株式会社福音館書店
吉川 晟弘／鹿児島大学

사진제공

アフロ　アマナイメージズ　iStock/Getty Images

p. 18 ディッキンソニア
Evans et al. (2017) https://doi.org/10.1371/journal.pone.0176874.g002
CC BY 4.0 https://creativecommons.org/licenses/by/4.0/　スケールバー上に文字を追加

p. 19 アノマロカリス
Potin and Daley (2023) https://doi.org/10.3389/feart.2023.1160285
CC BY 4.0 https://creativecommons.org/licenses/by/4.0/　見出しとスケールバーを消去

p. 19 アノマロカリスの復元画　提供：Chin Junyi

p. 20 CGで再現された石炭紀の森
『Carboniferous Forest Simulation』 https://www.extra-life.de/index.html による再現
提供：Heiko Achilles

p. 24 / p. 38 古細菌　　NASA (2004) https://science.nasa.gov/science-news/science-at-nasa/2004/10sep_radmicrobe

p. 54『種の起源』　Reproduced with permission from John van Wyhe ed. 2002-. The Complete Work of Charles Darwin Online. (http://darwin-online.org.uk/)

p. 59 エゾサンショウウオ　提供：岸田 治

p. 80 モクキリン
"Ora-pro-nobis", Andréia Bohner (2013) https://www.flickr.com/photos/deia/8487313864/
CC BY 2.0 https://creativecommons.org/licenses/by/2.0/

p. 112 ペリソダス・ミクロレピス
"Dorsal view of right-bending (left) and left-bending (right) mouth morphs of the Lake Tanganyikan scale-eating cichlid fish, *Perissodus microlepis*.", Lee et al. (2012) https://doi.org/10.1371/journal.pone.0044670
CC BY 4.0 https://creativecommons.org/licenses/by/4.0/

p. 114 カタツムリの殻　p. 116 イワサキセダカヘビの下顎の写真　©細 将貴

p. 117 アメリカオオミズアオ

"Luna moth", Geoff Gallice (2010) https://www.flickr.com/photos/11014423@N07/4521313928

CC BY 2.0 https://creativecommons.org/licenses/by/2.0/

p. 122 羽根を開いたムラサキシャチホコ　提供：ありゅー

p. 123 スズメバチ　2点 / p. 129 オオスズメバチ　提供：加賀美 智也

p. 127 コガタナゾガエルに集まるアリ

Rödel et al. (2013) https://doi.org/10.1371/journal.pone.0081950

CC BY 4.0 https://creativecommons.org/licenses/by/4.0/

p. 128 カリフォルニアイモリの全身

クレジット：U.S. Geological Survey（撮影：Chris Brown）

p. 128 イエローアイ・エスショルツサンショウウオの全身

クレジット：U.S. Geological Survey（撮影：Chris Brown）

p. 130 カエル

Twomey et al. (2013) https://doi.org/10.1371/journal.pone.0055443

CC BY 4.0 https://creativecommons.org/licenses/by/4.0/　カエル写真部分を抜粋し文字を削除して使用

p. 132 ロイコクロリデイウムに寄生されたホンオカモノアラガイ

"*Leucochloridium paradoxum* in *Succinea putris*", Dick Belgers (2012) https://waarneming.nl/photos/3765627/, https://commons.wikimedia.org/wiki/File:Leucochloridium_paradoxum1.jpg

CC BY 3.0 https://creativecommons.org/licenses/by/3.0/　補足を追加して使用

p. 138 キャベツとブロッコリーの祖先の姿に近い植物

"Wild Cabbage in its natural habitat", MPF (2005) https://commons.wikimedia.org/wiki/File:Brassica_oleracea0.jpg

CC BY 2.5 https://creativecommons.org/licenses/by/2.5/

p. 138 レタスの祖先の姿に近い植物

Forest & Kim Starr (2006) http://www.starrenvironmental.com/images/image/?q=24766733461

CC BY 4.0 https://creativecommons.org/licenses/by/4.0/

p. 145 農研機構遺伝資源研究センター　提供：農研機構

p.153 DNAの図 / p. 153 Quiz1の図

DBCLS TogoTV (2018) https://doi.org/10.7875/togopic.2018.22

CC BY 4.0 https://creativecommons.org/licenses/by/4.0/　p. 153 Quiz1の図は改変して使用

생물의 진화 이야기

발행일 2024년 3월 29일 초판 1쇄 발행
지은이 말랑폭신 생물학
엮은이 미카미 도모유키
그린이 히다네
옮긴이 곽범신
발행인 강학경
발행처 시그마북스
마케팅 정제용
에디터 최윤정, 최연정, 양수진
디자인 김문배, 강경희

등록번호 제10-965호
주소 서울특별시 영등포구 양평로 22길 21 선유도코오롱디지털타워 A402호
전자우편 sigmabooks@spress.co.kr
홈페이지 http://www.sigmabooks.co.kr
전화 (02) 2062-5288~9
팩시밀리 (02) 323-4197
ISBN 979-11-6862-225-8 (03400)

NAZOTOKI「SHINKARON」QUIZ DE YOMITOKU SEIBUTSU NO FUSHIGI
© Yurufuwa Seibutsugaku 2023
First published in Japan in 2023 by KADOKAWA CORPORATION, Tokyo.
Korean translation rights arranged with KADOKAWA CORPORATION, Tokyo
through ENTERS KOREA CO., LTD.

이 책의 한국어판 저작권은 (주)엔터스코리아를 통해 저작권자와 독점 계약한 시그마북스에 있습니다.
저작권법에 의하여 한국 내에서 보호를 받는 저작물이므로 무단전재와 무단복제를 금합니다.

파본은 구매하신 서점에서 교환해드립니다.

* 시그마북스는 (주)시그마프레스의 단행본 브랜드입니다.